「十二五」国家重点图书出版规划项目

中国建筑的魅力

# 美丽乡愁
## 中国传统村落

薛林平　潘曦　王鑫　著

中国建筑工业出版社

# 目　录

第十章
鲜活多样的乡土，纳西族古村落

# 绪论

## 多样化的文化、村落与建筑

文化多样性

历史·文化·情感

各美其美

温故知新

## 文化多样性

从现象上而言,我们无法否认人类文化是极其多样化的。但是从价值判断上,各种文化之间究竟是仅仅彼此不同而地位平等呢,还是有优劣之分?我们能不能给文化贴上"优等"或"次等"的标签,甚至用"优等"的文化取代"次等"的文化?就前景而言,到底是多样性的文化,还是大一统的文化更有利于人类长远的发展?在本书中,我们的立场十分坚定:文化应当是多样而平等的。

每一种文化都是各个社会独特的产物,其产生和发展有各自独特的历史轨迹,不能用单一的进化规律去衡量文化的"高级"或"低级"。人的行为有多种多样的可能性。面对这些可能性,人们作出各自不同的选择,用不同的方式理解和解释世界,形成不同的世界观和价值观。进而,以不同的模式与自然和社会进行交互。这些选择受到多种因素的综合影响,也存在着一定的偶然性。地域、人群、选择的多样性形成了文化的多样化形态。一种文化但凡得以形成、延续,它就是一个适应于该地域该人群的系统。

因此,文化没有绝对的优劣,以此种文化的价值体系去判断彼种文化的优劣,或者以优劣之名强行用一种文化取代另一种文化,都是站不住脚的。若能认识到不同的文化都是丰富人类生活的共同遗产,彼此之间互相平等,并无优劣之分,又能以一种包容、尊重的态度对待有别于自己的其他文化,人们才能和谐共处。

联合国教科文组织在《文化多样性宣言》(2001年)中就明确指出,"文化多样性是交流、革新和创作的源泉,是'人类的共同遗产'。文化多样性增加了每个人的选择机会,是发展的源泉之一;它不仅是促进经济增长的因素,而且还是享有令人满意的智力、情感、道德精神生活的手段。"同时,捍卫文化多样性也是伦理方面尊重人权和基本自由的迫切需要。

因此,我们应当维护文化的多样性,促进不同文化之间的交流和对话,这有利于人类的不断创造,以及社会多元、持续地发展。

## 历史·文化·情感

文化的多样性需要得到尊重和维护,传统村落与民居的多样性作为文化多样性的表现之一,亦是如此。传统村落与民居的形式千姿百态,它们的形制但凡得以形成和延续,必然是适应了对

图 0-1 云南省云龙县诺邓村:逐渐空心化的村落
在中国乡村,"空心化"已经成为十分普遍的现象。因为农业生产收入的低下,以及教育资源的转移等原因,乡村中的青壮年大量地离开乡村到城市工作、生活,使得乡村逐渐失去活力。

应的人群在所处环境中的需求。多样化的传统村落与民居不仅丰富了人文景观，也有利于文化多元、持续的发展。

然而，这种多样性正在快速地不断流失。前些年，"千城一面"的现象已经引起了人们的广泛重视，城市内部的面貌变得纷繁复杂，城市之间却失去了可识别性，变得千篇一律。在城市化不断发展的过程中，这种现象也在不断地渗透到乡村地区，导致乡村复制城市，逐渐地失去多样、生动的面貌。传统村落的消失，对传统文化的延续和传承产生了极大的负面影响（图0-1）。

首先，中国在长达几千年的时间里都处于农耕社会。直到今天，农村和农民还是基层社会最主要的组成部分，中国"所有文化多半是从乡村而来，又为乡村而设——法制、礼俗、工商业等莫不如是"[1]。代表了最广大平民普遍生活的乡土社会，是需要我们深刻认识的。陈志华先生就把"认识价值"列为乡土建筑最重要的价值之一："通过认识乡土建筑而认识乡土中国，进而认识整个中国；通过认识乡土建筑而认识中国农民，进而认识整个中华民族"[2]。传统村落的消失意味着最广大的平民传统生活史的消失，影响了我们对乡土中国认识的完整性。

其次，传统村落与民居作为人们生活起居的场所，是乡土文化得以连续的载体，它们与当地人们的生活方式、生产模式、习俗习惯密切相关。如果场所消失了，以之为载体的文化也会随之消失。丽江的一位东巴祭司曾经跟笔者举过一个生动的例子。按照云南宁蒗县拉伯乡纳西族的习俗，人们在入住新房后要进行生火仪式，祭祀各方神灵。那里有一家纳西族人迁居到城市后，请他去做新房的生火仪式。可是，在现代式的套房里，失去了做生火仪式的场所，以至于祭司不得不到水龙头边祭祀水神，到附近的养鸡场祭祀六畜神，仪式已经无法按照传统的方式进行。更多搬进套房的家庭，则索性取消了这些仪式。他感叹说，"说句不好听的，住在洋房里，将来父母过世时连灵堂都没有地方设啊。"

再者，传统村落与民居是与其生长的地域息息相关的。村落的选址、格局，建筑的形式、结构、色彩、装饰无不与当地百姓的物质生活和精神需求紧密结合在一起，充满了地方特色和人情之美。传统村落中饱含的记忆和情感是千千万万人的，是整个民族的。梁思成先生曾经动情地说："我们祖国的人民是在我们自己所创造出来的建筑环境里生长起来的。我们会有意识地或潜意识地爱我们建筑的传统类型，以及它们和我们数千年来生活相结合的社会意义……我们也会有意识地或直觉地爱我们的建筑客观上的造型艺术价值……村中的古坟石碑、村里的短墙与三五茅屋，对于我们都是那么可爱，那么有意义的。它们都曾丰富过我们的生活和思想，成为与我们不可分离的情感的内容[3]。"失去了传统村落，我们的乡愁将无处寄托。

① 梁漱溟. 乡村建设理论 [M]. 上海：上海人民出版社，2011:10.
② 陈志华. 北窗杂记 [M]. 郑州：河南科学技术出版社，1999:48.
③ 梁思成. 我国伟大的建筑传统与遗产 [M]. 梁思成全集（第五卷）. 北京：中国建筑工业出版社，2001:92.

图0-2 向阳的村落：北京市门头沟区爨底下村

## 各美其美

"各美其美，美人之美，美美与共，天下大同"。这是费孝通先生对不同文化关系总结的一句箴言，它同样也适用于多样化的传统村落。我国各地的传统村落，因气候、地理环境、资源材料、社会形态、生产方式和精神信仰的不同，形成了丰富多样的面貌，共同构成了多样化的乡土中国。

村落与民居的多样性，首先来自于必须应对的气候条件的多样性。营建村落和房屋最基本的目的就是为了遮风避雨，营造适宜人类生存的物理环境。按照我国的气候区划，全国一共可以分为12个温度带；按照建筑气候区划标准，全国分为7个一级区划，分属5类气候区。为了应对各地的气候特征，达到这一目的，各地民众在长期的实践中形成了多种多样的应对方法，也形成了传统村落与建筑丰富的形态。

寒冷地区的村落和房屋，在应对气候上最主要的就是冬季的保温和采暖。这些地区的村落选址大多在向阳之地，房屋也朝向南方，以最大限度地获取阳光（图0-2、图0-3）。在房屋建造上，大多采用厚重的墙体，增加其蓄热性。不少地方还使用人工采暖，炕就是北方常见的采暖设施。

夏热冬暖地区的气候温暖潮湿，在气候应对

图 0-3 向阳的村落：山西省盂县大汖村
对于冬季气候寒冷的北方地区而言，阳光是最为廉价、便捷的取暖方式。因此，北方地区的村落大部分都在适应地势的情况下，尽可能地向阳布局。

上主要考虑的是夏季的遮阳和通风。例如，广东高要的蚬岗村和黎槎村都采取了极富特色的辐射式布局，村落中心高、四周低。这种布局可以在各个季节有效地通风，并且在雨季快速有效地组织排水。

夏热冬冷地区的情况是最为复杂的，既需要

考虑冬季的保温采暖，也需要兼顾夏季的遮阳通风。例如，江南一带的民居不仅采用空斗砖墙增加墙体的蓄热性能，同时也使用冷巷、天井、檐廊等做法达到遮阳通风的效果。相较而言，这一带的民居对夏季需求考虑得更多。这是因为在技术发展有限的传统社会，冬季的需求可以通过添加衣物和人工采暖来补充，而满足夏季降温需求的手段却相对有限。因此，当两者发生矛盾的时候，人们更加重视后者（图0-4）。

村落与民居的多样性也来自于地理条件的多样性。传统村落及其建筑作为人们的居所，绝大部分是扎根在土地上、不可移动的。因此，人们在土地上营造村落和房屋时，就必须处理它们与地形地势之间的关系，使所在地方的山川水系能更好地适应和服务于人们的生活需求。我国幅员辽阔，整体地势西高东低，呈三级阶梯分布，在三级地势阶梯和它们之间的过渡地带上，形成了极其多样的地形地貌，也形成了极其多样的村落

图 0-4 苏州陆巷村民居的天井
对于南方地区而言，夏季遮阳通风的需求比冬季取暖的需求更为迫切。天井可以在院落中有效地达到遮阳、通风的效果，是相对温暖的南方地区常见的空间形式。

图 0-5 华北地区齐整的村落格局

与建筑。

平原地区地势平坦、交通便利，可能是最适宜营造村落和房屋的地形之一。例如，华北平原上的诸多村落，街巷横平竖直，格局十分规整（图0-5）。不过，平原上若是水网纵横，村落的形制就不会那么规整有序了。长江三角洲地区属于我国四大平原之一——长江中下游平原，因河网纵横、湖泊众多而被称为江南水乡。水系不仅是人们生活用水的重要来源，也是交通运输的重要网络，这里的房屋往往依据水道排列，村落形态与水系息息相关（图0-6、图0-7）。

到了山地地区，人们就要花费更多精力去应对地形了。处在缓坡丘陵地带的村落，往往选址在山脚相对平缓的地带，村落背靠山坡，邻近水源和可耕种的土地，所谓"藏风得水"（图0-8）。而位于陡峭山地的村落，由于所处地区山高坡陡，不容易找到大块平地建村，人们就发展出了台院、窑洞、吊脚楼等多种多样的建筑形式来灵活地应

图0-6 浙江省绍兴市越城区：蜿蜒的水巷

图0-7 江苏省苏州市：水巷民居

图0-8 云南省玉龙县：藏风得水的村落

对山地的地形，依山就势修建村落（图0-9、图0-10）。

此外，资源材料的多样性也造就了丰富多彩的村落与民居。营造村落与房屋，必须使用建造材料。在交通条件和运输技术发展相对有限的传统社会，就地取材成了最普遍、最实用的建造策略。由于各地自然气候和地理条件的不同，环境中可供建造的材料也各不相同，加上各地建造技术的差异，形成了丰富多样的村落与建筑形态。

图0-10 云南省德钦县：依山就势的藏族村寨
云南西北部地处横断山脉地区，多高山峡谷。这里的藏族都将村寨建在山间的台地上，以获得相对平缓的耕地和更加充足的阳光。

图0-9 山西省阳泉市郊区官沟村：层层叠叠的山地台院

图 0-11 贵州省台江县九摆寨：苗族吊脚楼

图 0-13 浙江省松阳县山下阳村：民居的门窗雕饰

图 0-12 浙江省永嘉县芙蓉村：民居的穿斗式木构架

图 0-14 浙江省松阳县杨家堂村：木雕

木材是我国传统建筑中最普遍使用的材料之一，只要是森林覆盖的地区都会使用木材作为建筑材料。它分布广泛、易于加工，具有良好的抗拉性能和一定的抗压、抗剪性能，是较好的建筑材料。居住在湘、桂、黔地区的侗族和苗族就利用当地丰富的林木资源，发展出了高超的木构技艺。他们建造的鼓楼、吊脚楼和风雨桥等工艺精美，令人叹为观止（图 0-11、图 0-12）。除了用于建造房屋结构之外，木材也在各地的民居中广泛地用于制作房屋构件与雕饰（图 0-13、图 0-14）。

图 0-15 河南省陕县：地坑窑

生土也是一种使用非常广泛的材料。在气候相对干旱的陕西、山西、河南、青海等地，人们用夯土或土坯砖技术建造窑洞，用于居住，形成了靠崖窑、地坑窑等多种类型（图 0-15）。在浙西山区及云南等地，人们就地取材，使用夯土技术筑成房屋，用厚重坚实的墙体营造出了冬暖夏凉的居住空间（图 0-16、图 0-17）。

在一些地区，人们还用石材构建房屋。石材分布广泛又坚固耐用，是许多地区建造房屋的首选材料。例如，居住在楠溪江下游的人们掌握了高超的技术，用河流溪滩中圆滑的卵石砌筑房屋（图 0-18）。山西及河北等地的山区中，人们则

图 0-16 浙江省松阳县杨家堂村：夯土房

图 0-17 云南省云龙县诺邓村：夯土房

生土分布广泛，获取和加工不需要复杂的技术或工具，而且具有良好的蓄热性，是中国使用最广泛的建筑材料之一。

图 0-18 浙江省永嘉县苍坡村：卵石墙

图 0-19 山西省临县李家山村：石砌窑洞

图 0-20 河北省邢台市英谈村：石砌民居

图 0-22 山西省汾西县师家沟村：砖砌窑洞

图 0-21 浙江省松阳县山下阳村：青砖包裹的夯土墙体
生土材料虽有廉价、保温、易加工等诸多优点，但是耐湿抗潮
性能不佳。在夯土墙体外包裹青砖，可以有效地提高墙体的防
潮性能。

从山中开采出石料，经过加工变成方整的石块，用来砌筑窑洞（图 0-19、图 0-20）。

明清时期开始，砖成为传统村落和民居中广泛使用的材料。用砖砌筑墙体或包裹土墙大大提高了墙体的牢固度和耐久性。随着砖的普及所形成的封火山墙这一构件，还大大提高了民居群落的防火性能（图 0-21、图 0-22）。此外，质地细密的砖也是进行雕刻装饰的良好材料（图 0-23）。

当人们为了应对气候和地形，智慧地应用各种材料并营造出了适宜生存的物理空间后，下一步的需求就是进行生产活动以维系生存，这是传统社会生活中最为重要的部分。因此，不同生产方式的需求也会对村落和建筑产生影响。

农业是最为普遍的生产方式，它最重要的生产资料就是土地，在村落和房屋的营造中处处都要考虑。在云南的横断山脉区域，南北走向的山脉之间形成的平坝成了人们重要的耕地来源。所以，这里的村落大多依靠着山脚，在人口增长时以向上发展为主，留出山间平坦的耕地（图 0-24）。

图 0-23 北京市门头沟区三家店村：砖雕
相较于外观接近的石材，砖的质地相对细密绵软，更容易加工出精致繁复的装饰纹样。

图 0-24 云南省腾冲县：选址于山麓的农业村落

图 0-25 广西壮族自治区龙胜县：农业型村落（韦诗誉摄）

图 0-27 浙江省永嘉县岩头村：临水的街道

图 0-26 四川省雅安市望鱼乡：商业街

而广西龙胜的壮族则居住在田中央，梯田环绕着村落，形成了生产生活的核心区域（图 0-25）。

在物资丰富或交通便利的地区，商业支撑了许多人的生活。四川汉族地区就存在着大量这样的传统村镇。在这些村镇中，进行商业交换的街道成了聚落极其重要的结构性要素，许多线性的聚落由此而生。人们为了尽可能地在街上分得一席临街的界面，建造出了小面宽、大进深的"店宅"，以下店上宅、前店后宅等形式把商业和居住结合在了一起（图 0-26）。在水乡地区，人们则逐水而居，形成了临水的商业街道（图 0-27）。

除了农业和商业之外，还有其他类型的生产方式。比如，藏族、蒙古族的一部分人以游牧为生，为了适应流动的生活，他们居住在易于搭建、拆卸的帐篷之中；华南沿海地区的"疍家人"以渔业为生，他们的家就是船，船就是家，船只的集群就是他们的村落；西藏盐井的藏族和纳西族世代制盐，他们在澜沧江边搭建了层层叠叠的盐田，村落则坐落在盐田之后（图 0-28）。

图 0-28 西藏自治区芒康县盐井乡的盐田

图 0-29 四川省马尔康县松岗村：选址于山脊的藏族村寨
松岗村是一个防御性的聚落，高居于山脊的选址，加上高耸的
碉楼，使得这里的人们能够在各个方向获得良好的视野，及时
发现敌情，发出警戒信息。

除了产业，防御也是维系生活的重要方面。
四川西北部的藏族和羌族，人们把村寨建在高山
或河湾处，并且立起碉楼用于瞭望和防卫（图
0-29）；晋东南沁河流域的村落，多建有堡墙和
望楼；广东的许多地区，人们在村落家屋中建有
碉楼（图 0-30）。在物资匮乏、社会动荡的时期，
人们建造防御性的建筑来保护家人和财产的安全。

在以农业为主的传统社会中，人们大多是群
居。群居更便于在生产生活中相互协作。群居生
活中，社群中就会存在社会结构，人们以一定的
形式组织起来，共同生活。

图 0-30 广东省深圳市大水田村的碉楼与民居

大水田村的原住民是汉族的客家人，这是一个在历史上历经战乱和迁徙却仍然保持着强烈的族群认同的民系。各地的客家人普遍聚族而居，尽管建筑和聚落形式不尽相同，但大多具有较高的防御性。福建的土楼、江西的围屋等都是防御性建筑的例子。

客家人常常是聚族而居，他们的房屋几乎就是一个小的社群。闽西的客家人居住在土楼中，这种建筑规模庞大，直径或周长数十米，占地数千平方米。楼中按层划分功能，各家各户从下到上占据若干开间，过着公共性极强的生活。

几代同堂的大家庭是汉族地区常见的社会单元。闻名遐迩的晋商大院就是大家庭居住的建筑群体。其内部包含厅堂、卧室、祠堂、佣人房、车马院、储藏室等日常起居的各种功能。苏州的庭院民居则更多了几分诗情画意。这些民居在规整的主体院落之外往往还带有形制相对自由的园林，在造园中寄托文人雅士的情怀（图 0-31）。

图 0-31 苏州园林：艺圃

0-32 云南省香格里拉
：小家庭居住的藏族民居
图摄于 2013 年。图中的
城名为独克宗，其历史
以追溯到公元 7 世纪。
座古城 2014 年 1 月毁于
场大火。目前，损毁的
屋已经陆续重建。

图 0-33 山西省盂县大汖村：小家庭居住的汉族民居

泸沽湖畔的摩梭人也以大家庭的形式居住。不过，他们的世系计算是以母系为准的，人们和自己的母系亲属共同居住，家庭中的人数可以达到数十人。祖母屋、经堂、花楼和草楼构成了典型的母系院落。

还有一些地区，家中的子女在成婚后就会分家，以核心家庭为主要的生活单元。这种小家庭的居住模式带来的是相对较小的居住体量（图0-32、图0-33）。

除了物质生产和社会组织外，精神生活也是生活的重要部分。人们多样化的文化和信仰也广泛地体现在村落和民居之中。

江浙一带的汉族地区普遍具有浓厚的宗法文化传统，讲究"敬宗尊祖"。明中叶以后，由于祭祖礼制的变革和经济的发展，各地祠堂大兴。这些祠堂或位于村首，以其宏丽的规模、高耸的形象成为村落的标志、宗族的荣耀；或位于村中，与书院、文会、社屋等文化性建筑组成宗族的祭祀、礼仪和社交活动中心。它们往往也是村落精神空间的中心（图0-34）。在侗族寨子中，村落的核心则是鼓楼。这里是人们社交娱乐和节日聚会的场所，遇到重大事情时，又是村人聚集议事

图0-34 浙江省永嘉县芙蓉村中的祠堂

图 0-35 鼓楼下的侗族大歌表演

图 0-36 四川省马尔康县直波村：玛尼堆

的会堂（图 0-35）。在藏族的村落中，常常设有由大小不等的石块垒起的玛尼堆，石块上刻有六字真言，人们路过玛尼堆时都会虔诚地环绕行走，并添上一块石块，敬神祈福（图 0-36）。

在建筑中，同样有联系人神、寄托信仰的空间。梅州的客家人把祈求神灵庇佑、子孙绵延的愿望寄托在围龙屋中。围龙屋后部的围屋与堂横屋围合成了一个半圆形的内院，称为"化胎"，其中满铺鹅卵石喻示多子多孙；化胎一侧

设有龙厅，祈求神灵保佑家中香火兴旺。羌族普遍地存在对中柱和火塘的崇拜，他们把火塘作为生活起居和饮食的主要场所，也把它当做祖先和神灵的所在之处，中柱则是人神沟通的桥梁。围绕火塘和中柱有诸多的禁忌，生活中的许多仪式也在这里进行。西藏芒康盐井一带的藏族民居，家家都在屋顶上设有烧香台，上面插有柏枝和经幡，他们认为这是村子的保护神"明绰奈"的居所（图 0-37）。而在山西阳

图 0-37 西藏自治区芒康县盐井村：屋顶的烧香台

图 0-38 山西省阳泉市：民居中的土地神龛
土地神龛通常位于入口的影壁或门楼墙上，施以砖雕，与正房墙上的天地神龛一起，庇佑主人家宅平安兴旺。

泉一带，家家户户都少不了两个神龛：土地神龛和天地神龛；逢年过节人们都会给土地和天地烧香供奉，祈求家中万事和顺（图 0-38）。

### 温故知新

　　数十年前，梁思成先生对中国传统建筑的研究多少抱着一些悲壮的态度。在破坏旧建筑的狂潮中，他呼唤学者们以学术调查与研究"唤醒社会，助长保存趋势，即使破坏不能完全制止，亦可逐渐减杀。"他把传统建筑的研究和保护称为"逆时代的力量"，也是建筑学人的"神圣义务"①。

　　然而，时至今日，对传统文化的重视已经逐渐成为人们的共识。传统村落与民居在历史、文

---

① 梁思成著．中国建筑史·序 [M]．天津：百花文艺出版社，2005.

化、科学、艺术、社会与经济上的价值又重新得到了认识。我们的社会认识自梁先生的时代以来，已经有了长足的进步。这些可爱的村落与民居，是乡土中国的历史记录，是丰富多彩的传统文化的载体。它们体现了我们先辈高超的科学和艺术水平，同时还是社会转型过程中社会稳定和安全的重要保障。明确并认同自己的文化身份，愿意不断认识和理解自身的文化，这无疑是文化自觉与自信的体现。

当然，自信并不等于固步自封。时代在不断地向前，传统村落与民居的多样性也应当是一种动态的多样性。如果以保护的名义强求人们必须固守传统而不允许变化和发展，所保留下的仅仅是僵化的标本，就恰恰违反了文化多样性关于自由选择与基本人权的初衷。近一个世纪以来，对

建筑创作"中国性"的探讨一直是建筑界的一个重要议题。从第一代建筑师"吾国固有之建筑形式"的探索，到1950年代"社会主义内容，民族形式"的号召，到1980年代开始从文脉、符号、地域性等角度出发的多元化思考和实践，以及今日"本土建筑"、"地区建筑"的号召，我国的建筑创作一直在探索属于自己的道路。所谓温故知新，对传统建筑的深刻认识，无疑是建筑创作中"中国性"之探索的坚实基础。

本书以地域为线索，介绍了我国10个典型地区的传统村落，这些村落大多已列入了世界文化遗产清单或是预备清单，比较突出地反映了多样化的乡村与传统生活。希望这些粗略的文字可以稍稍增长读者对传统建筑文化的认识，也希望能为建筑创作提供一些启发。

# 第一章

## 桃花源里有人家，皖南徽商村落

徽州指明清徽州府所辖范围，下辖歙县、休宁、黟县、气门、绩溪、婺源（今属江西）六县。从地理环境来看，徽州自古以来就是一个独立的单元，南宋淳熙《新安志》（新安乃徽州旧称）称此地"山限壤隔，民不染他俗"。徽州地处"山岭川谷崎岖之中"，山地及丘陵占到十分之九；唐代以来，该地区建制一直比较稳定，文化和民俗也保持了相对的独立，保存了数量众多、建造精美的古村落。以西递、宏村为代表的皖南古村落在 2000 年被列入《世界文化遗产名录》。皖南古村落以世外桃源般的田园风光、保存完好的村落形态、工艺精湛的徽派民居和丰富多彩的历史文化内涵而闻名天下。

图 1-1 安徽省黟县西递村平面
（改绘自：《空间研究1：世界文化遗产西递古村落空间解析》第 249 页）

## 同宗同族

徽州的开发源于东晋以来中原士族避战乱南迁。士大夫在清风拂面、碧水濯足后，须重新考虑建构自己的生存和精神的家园。他们选择了血缘宗亲合族而居，构建村落。清代学者赵吉士《寄园寄所寄·故老杂记》①中载："新安（徽州古名）各姓，聚族而居，绝无一杂姓搀入者，其风最为近古"。徽州各姓聚族而居，胡姓建村于龙川、西递，汪姓择址于宏村，吴姓卜居于昌溪，罗姓定居于呈坎，曹姓立足于雄村，石姓落户于石家，倪氏扎根于渚口，江姓聚族于江村……各个族姓开拓一方，繁衍一方。

同姓聚居的村落重视宗法传统，用族谱记载历史，谱系大多完整（图1-1、图1-2）。明中叶以后，因徽商鼎力支持，徽州祠堂大兴，每个村都兴建高大威严的祠堂。祠堂中有先祖容像和祖宗牌位；保存有村落的族谱；祭祀有周全的礼仪："……姓各有宗祠统之。岁时伏腊，一姓村中，千丁皆集，祭用文公《家礼》，彬彬合度。父老尝谓，新安有数种风俗胜于他邑：千年之家，不动一抔；千丁之族，未尝散处；千载谱系，丝毫不紊；主仆之严，数十年不改，而宵小不敢肆焉"②。徽州村落还通过族规等约束村民的行为："处世无欺，爱人以德，守分安贫，即是敬宗尊祖；持躬无助，任事唯成，明伦重道，便为孝子贤孙"③。忠实的对祖先的崇拜和严苛详尽的族规做到了凝聚人心、约束子孙，将族民紧紧地纽结在同一神圣的祖宗牌位之下，形成严密的血缘组织。

家族渐大，便有分支，分支成员的宅居地也相对集中，并建有支祠。各支祠为分支成员的心理和祭祀中心，又是以宗祠为心理和祭祀中心布置，如此形成了层层相套的宗族空间关系（图1-3）。

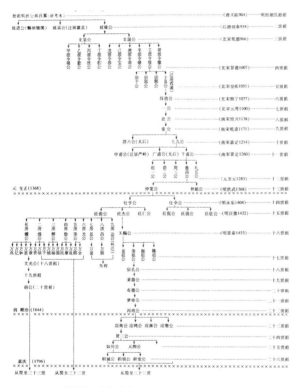

图1-2 西递村胡氏世系表
（引自：《空间研究1：世界文化遗产西递古村落空间解析》第247页）

---

① （清）赵吉士. 寄园寄所寄·卷11 [M]. 合肥：黄山书社，2008：872.
② （清）赵吉士. 寄园寄所寄·卷11 [M]. 合肥：黄山书社，2008：872.
③ 旌德县江村明孝子文昌公祠（孝友堂）联。

汪氏外门宗祠

外姓祠堂
（万、吴、韩）

支祠　家祠

宗祠

图1-3 安徽省黟县宏村的宗族发展模式
（改绘自：《空间研究4：世界文化遗产宏村古村落空间解析》第46页）

图1-4 西递的敬爱堂

在西递村，明清时期共有宗祠、支祠等20余座：七哲祠、节孝祠、明经祠（本始堂）、蔼如公祠、怡翼堂、培芝轩、锄经堂、六房厅、常春堂、三房厅、追慕堂、下五房祠、鸿公厅、元璇堂、种德堂、敬爱堂、司城第、下新厅、至宝公祠、五魁家祠、时化公祠、凝秀堂、中和堂、长房厅、咸元堂等（图1-4、图1-5）。

祠堂一般与住宅相脱离，以其宏丽的规模、高耸的形象成为村落的标志、宗族的荣耀。祠堂有的位于村首，如棠樾村口至今耸立着敦本堂、

图1-5 西递的追慕堂

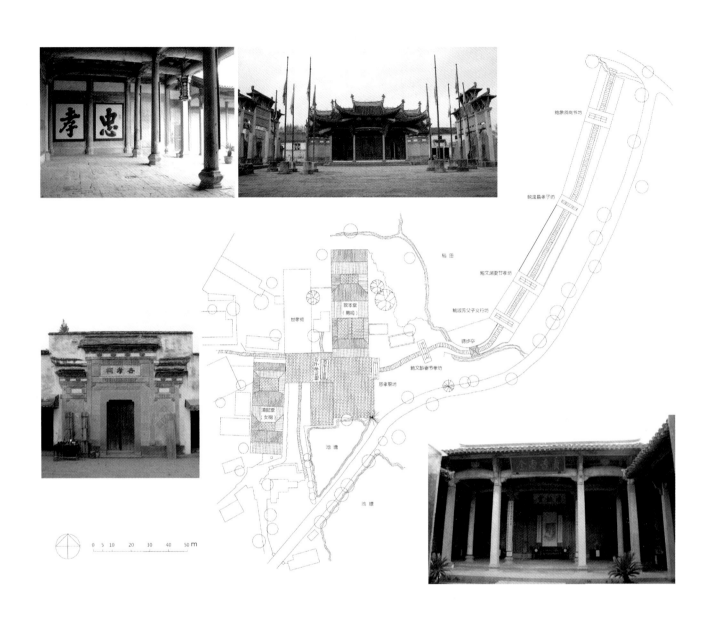

图 1-6 黄山市歙县棠樾村的敦本堂、世孝祠、清懿祠
（底图摹自：《中国建筑史》（第五版）第 105 页）

图1-7 黄山市徽州区呈坎村罗氏宗祠

罗氏宗祠名"贞静罗东舒先生祠"，该图为宝纶阁，明万历年间（1573～1620年），皇帝御赐修此阁以尊供圣旨和收藏御赐珍品，特取名宝纶。建筑九开间，以较多的开间数表达了宗祠建筑的高等级与尊贵。

图1-9 黄山市黟县南屏村叶氏支祠中思孝堂供奉的牌位

图1-8 黄山市黟县南屏村叶氏支祠的抱鼓石。

抱鼓石位于大门两端，用以安放门扇并平衡门扇重量，用鼓形状，有学者认为是参照了衙门"击鼓升堂"中鼓的传声作用，也有人认为中国古代百姓因鼓声宏阔威严，厉如雷霆，信其能避鬼退祟，故在门前使用，有辟邪之意。叶氏支祠仪门前的抱鼓石高大威严，表达了家族对宗祠建设的重视。

清懿祠、世孝祠三座祠堂(图1-6)；有的位于村中，与书院、文会、社屋等文化性建筑组成宗族的祭祀、礼仪和社交活动中心，往往也是村落精神空间的中心。

祠堂作为一村一族最重要、最引人注目的建筑，建筑形制为村中最高（图1-7、图1-8）。享堂中供奉祖先牌位或祖宗容像（图1-9），是祭祀祖先和处理本族大事的场所，大的可容纳上千人。生者可以在这里和逝者交流，获得祖先的庇佑或惩戒。

宗族还通过对土地的占有实现对村落的管控。明末清初，徽州村落中大量土地以祭田、祠田、族田、学田、义田等多种不同的名义集中到宗祠名下，并原则上不得买卖，使得徽州地区的土地产权相对稳定，有利于农业生产，也保持了徽州聚落的规模。宗族对土地的管理也使得宗族凝聚力逐步提高，村落结构逐步完善，村落形态十分完整。

## 巨富徽商

唐代以后，徽州人口逐渐增多，而境内自古群山叠嶂，可耕种的地相对较少，山地及丘陵占到十分之九，弘治《徽州府志》卷二《食货一》载："本府万山中，不可舟车，田地少，户口多，土产微，贡赋薄，以取足于目前日用观之则富郡，一遇小灾及大役则大窘……"。因"无田可业"，多数徽州男孩只能选择入仕或是经商，明代中叶徽商作为一个商帮逐渐形成。著名学者胡适说，"徽州人正如英伦三岛上的苏格兰人一样，四出经商，足迹遍于全国。最初都以小本经营起家，而逐渐发财致富，以至于在全国各地落户定居。因此你如在各地旅行，你总可发现许多人的原籍都是徽州的。"

徽商最早经营的是本地山货和外地粮食。及至明清，除了传统的茶、竹、木、瓷土、生漆等土特产以及"文房四宝"以外，还重点经营盐业、典当、布业并从事海外贸易等，足迹不仅遍及国内的山陬海隅、孤村僻壤，而且还远至海外的日本、东南亚等地。

通过宗族联姻结盟的徽商或子佐父贾，或翁婿共商，或兄弟联袂，或同族结伙，尊奉朱子，崇儒重道，互帮互助，坚守"诚信义仁"之道。

经营中，徽商在各地建立起类似于商会的会馆，在为徽州人参加科举提供住宿和费用的同时，也为商人和官员的联系打下了广泛的基础。这样一张遍布全国、无孔不入的商业网络，创造了"无徽不成镇"的奇迹。"一等生业，半个天下"——歙县的盐商、休宁的典当商、婺源的木商、祁门的茶商，全都以其巨额的财富和鲜明的地域特征而闻名遐迩[1]。

以宗族为纽带的徽州商人无论规模和影响力都在中国历史上形成了非常重要的一股洪流，特别是明成化年间，徽商因盐业成为商界翘楚，成为中国古代四大商帮[2]之一。游徙不定的商人用惊人的热情构筑故乡，倾其全力建设家园，徽州村落的兴盛因之成为必然。

## 山水环境

"七山一水一分田，一分道路加田园"，是徽州村落最为典型的环境。在山区中，林地多于田地，地块小而分散，因而徽州村落注重环境的营造，"风水之说，徽人尤重之"[3]。充分利用周边的山水，选择"枕山"、"环水"、"面屏"的天人合一的理想景观宝地构建村落，既解决衣食之虞，同时又能福荫子孙（图1-10～图1-12）。《明经

---

① 徽州的盐商是官商密切的典型代表。因盐业的垄断地位和与官府的密切关系，盐商往往集资本和官位于一身。乾隆朝时，徽人汪应庚、汪廷璋、江春、鲍志道等都是煊赫一时的两淮总商。江春，著名徽商盐商，相传为迎驾乾隆皇帝，曾在扬州瘦西湖上一夜建起一座白塔。

② 一般指晋商、徽商、浙商(包括湖州和宁波商帮)、粤商(包括广州商帮、潮州商帮和客家商帮)。

③ (清) 赵吉士. 寄园寄所寄[M].合肥: 黄山书社，2008.

图1-10 西递族谱中的村图

（引自：《空间研究Ⅰ：世界文化遗产西递古村落空间解析》第33页）

胡氏壬派宗谱》记载了西递周边的八景，其中既
有山水，也有林木和田园，表达了对聚落生存环
境的认识和理解。

再如宏村，北靠黄山余脉雷岗山，西傍三邑
溪、羊栈河，具有400多年历史的水圳贯穿古村落，
在村中心和村南形成两处大小不等的水面——月
沼和南湖，控制村落的形态。明初永乐年间（约

1405年），族长汪思济、汪升平父子请堪舆先生
引西溪水入村，扩建了约一千平方米的月沼（图
1-13），万历年间疏通水系形成南湖（图1-14），
构成完整的河泉水系。在此基础上，逐步形成了
村落的水口格局，产生了以血缘、地缘关系聚合
的村落，青山环抱中保持着勃勃生机。

徽州人还把山水的情怀运用到庭院的营造

图 1-11 西递村鸟瞰

图 1-13 宏村的月沼

图 1-14 宏村的南湖

上。庭院设置灵活，大都置于前庭，也有的置于楼两侧或后院，小巧玲珑，布局紧凑。西递的西园，以狭长的庭院将三合院落连贯成一个整体，在庭院中植树栽花，敷设花台、假山、鱼池、盆景，使得庭院有山水的幽深之美。宏村的承志堂西南角隔墙的拐角处，以鱼池为主体，池北和池东为屋之檐下和廊下，有美人靠，凭栏下俯，池中天光浮动，鱼影千转。池北还有几阶踏步深入水中，可方便取水，一小方环境中忽见天地之大（图 1-15、图 1-16）。

图 1-12 安徽省徽州区呈坎村环境　　　　　　　　第一章　桃花源里有人家，皖南徽商村落　　33

图 1-15 西递西园

图 1-16 宏村承志堂

## 村落水口

水口是徽州村落对环境利用的最典型体现（图1-17、图1-18）。"水口者，一方众水出口处"，是一村之水流入和流出的地方。水口往往位于两山夹峙、水流环绕之处，因"通利要津"而被视为村落财源茂盛之要地。同时作为村落通往外界的隘口，水口也具有一定的防卫作用。

徽州村落的水口处往往借用周边自然环境，以山为背景、水为骨架，因地制宜，广植树木，辅以亭台、楼阁、庙宇、塔、榭、水碓等小品建筑，形成重要的村落入口景观。"故家乔木识梗楠，水口浓荫写蔚蓝。更著红亭供眺听，行人错认百花潭"。清代方西畴的这首《新安竹枝词》，勾勒出徽州村落水口的常见景观，情趣盎然、自成天然。

水口还被认为是村落中人和自然的交流之所。《书启·水口说》载，"水口以聚一乡之树木、桥梁、茶亭、旅舍，以卫庇一乡之风气也"。水口集传统文化、民俗观念、园林艺术为一体，成为"父老兄弟出作入息，咸会于斯"之幽静怡人的祥和之地，保持人和自然之间的和谐，完美地诠释了"天人合一"的意境。

唐模村的水口极具特点，水口东一曲清溪自西向东横穿而过，一条石板路则自东向西将人们引入村中。在溪流下游的"水口"处，利用峰回路转的地形，设置了一座高耸的三檐歇山顶路亭（名沙堤亭），标志全村的入口。亭旁设置曲桥，植景观林，渡桥可登南岸小山，形成了一个"水口"。过路亭，迎面出现巍峨的石牌坊，前后

图1-17 宏村水口
（引自：《空间研究4:世界文化遗产宏村古村落空间解析》第38页）

西溪

雷岗山

际村

东边溪

宏村水口

古阳山

图1-18 西递水口
（引自：《空间研究1：世界文化遗产西递古村落空间解析》第27页）

两面额上分别大书"圣朝都谏"和"同胞翰林"，炫耀着村落政治与文化的优越地位。牌坊之内有许氏文会馆、宗祠以及"小西湖"等设施。高阳桥（又名观音桥）是村口区域的终点，由石拱构成，上架廊屋五间，是村民平时的活动场所，无论晴雨，都可供众人集聚休娱。过桥便标志着进入了村落（图1-19），顺着水流溅溅的小溪，水的序列延续进村里。

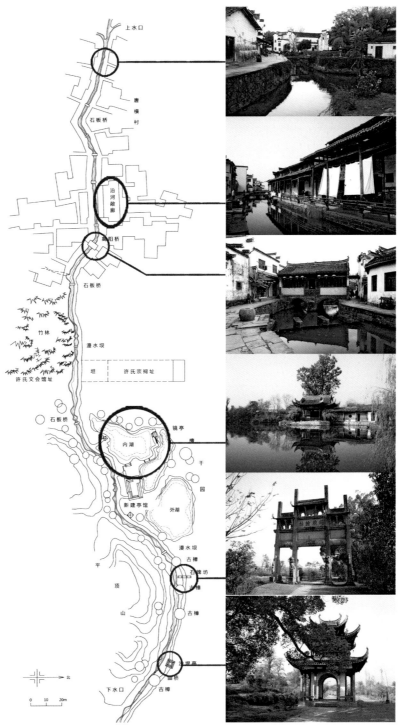

图 1-19 安徽省徽州区潜口镇唐模村水口景观
（底图摹自：《中国建筑史》（第五版）第 210 页）

## 曲折街巷

徽州村落的街巷大多有两个等级（图1-20、图1-21）。主要巷道串起次要巷道和院落，遇到重要建筑时会放大成小型广场，形成聚会场所。次要巷道有两种类型：备弄和生活性街道。备弄往往很直，长度就是两侧几进宅院的长度，宽度较窄，有压迫感，即使在阳光灿烂的时候，备弄也相当阴郁。生活性巷道形态曲折，界面丰富，有高墙石雕门楼，有镂花石窗院墙，也有简单的厨房、后院出入口，让人感受到光影的变化和闲适的生活气息。

大多数巷道以青石铺砌。一般的铺砌方式是垂直于行进方向拼合，在建筑的入口处，会铺砌一至三组平行于门槛方向的石板，中间间以垂直向的条石，较为讲究。巷道多有单侧的排水沟与院落天井的暗沟相连，排水沟根据地势的坡度，将雨水或生活用水排入小溪，流往村外（图1-22～图1-25）。

图1-20 西递的街巷等级
（引自：《空间研究1.世界文化遗产西递古村落空间解析》第20页）

图例：
— 公路
— 第一级道路（交通性巷道）
— 第二级道路（生活性巷道）
— 第三级道路（祠堂备弄）

图1-21 宏村的街巷等级
（引自：《空间研究4.世界文化遗产宏村古村落空间解析》第19页）

图1-22 典型的徽州村落街巷
安徽省徽州区呈坎村

图1-23 典型的徽州村落街巷
安徽省黟县卢村

图1-24 典型的徽州村落街巷
安徽省泾县黄田村

图1-25 歙县渔梁古街
因形态似鱼而得名，旁有著名的渔梁坝，整条
街道用卵石铺砌，恰似鱼鳞，两边店铺林立。

## 宗族牌坊

明清时期徽州村落建造了一批象征宗族荣誉的牌坊[1]，大多布置在建筑群的引导空间、村落入口、巷道转折等地，用来标榜功德、宣扬封建礼数。徽州村落的牌坊是宗族的纪念碑，表达了封建社会的最高荣誉。这些牌坊造型优美，往往成为村落的标志景观（图1-26、图1-27）。

雄村的这座牌坊位于竹山书院附近，又称"光分列爵坊"，坊上镌刻了曹氏家族几位获得荣耀者的名字，表彰家族荣耀。

著名的棠樾村牌坊群，共建有七座牌坊，均由皇帝批准建造[2]，分别表达了"忠孝节义"的意义。"鲍灿孝行坊"，建于明嘉靖初年，牌坊额题——旌表孝行赠兵部右侍郎鲍灿，《歙县志》载：鲍灿读书通达，不求仕进，其母两脚病疽，延医

图1-26 西递村的牌坊

---

① 牌坊在中国古代社会后期，逐渐演变成一种为悬牌挂匾而成一体的纪念性建筑。明清两朝，牌坊的表彰功能发展到极致，这种表彰必须经过皇帝批准，或为表彰为国有功之臣，或为纪念努力奋斗之士，更有宣传孝敬父母、尊重丈夫之中国传统社会中的家庭美德。

② 牌坊修建并不是简单的民间建筑行为，而是由皇帝批准的用以嘉奖某人突出事迹的构筑物，有"恩赐"、"恩荣"、"御赐"、"圣旨"等区别，用途十分广泛。

图1-27 雄村的"大中丞坊"

多年无效。鲍灿事母，持续吮吸老母双脚血脓，终至痊愈。其孝行感动乡里，经请旨建造此坊。

"慈孝里坊"，为旌表宋末处士鲍宗岩、鲍寿逊父子而建。此父子在战争中被乱军所获，并要二人杀一，请他们决定谁死谁生。孰料父子争死，以求他生，感天动地。朝廷为旌表他们，赐建此坊。明永乐帝留诗曰："父遭盗缚迫凶危，生死存亡在一时……鲍家父母全仁孝，留取声名照古今。"

清乾隆年间所建的"鲍文龄妻汪氏节孝坊"，额刻"矢贞全孝"、"立节完孤"，表彰棠樾汪氏为夫守节的20个春秋。还有一座贞节牌坊为"鲍文渊继吴氏节孝坊"，建于清乾隆三十二年。因旌表鲍文渊继妻吴氏"节劲三冬"、"脉存一线"而建[①]。

"鲍逢昌孝子坊"，建于清嘉庆二年，旌表孝子鲍逢昌。逢昌之父明末离乱时外出多年，杳无音信，顺治三年，14岁的逢昌沿路乞讨，千里寻父，终在雁门与父相见，并将父请回家中。后其母重病，他又攀崖越洞，采药医治，更能割股疗母，因造此坊。

"鲍象贤尚书坊"，为旌表鲍象贤（嘉靖八年进士）镇守云南、山东有功而建。

"乐善好施坊"，建于清嘉庆二十五年。据传，棠樾鲍氏家族当时已有"忠"、"孝"、"节"牌坊，

---

① 吴氏22岁嫁入棠樾，时小姑生病，她昼夜护理；29岁时丈夫去世，她立节守志，尽心抚养前室之子，直至其成家立业。吴氏守寡31年，直到60岁辞世。

图1-28 安徽省歙县棠樾村全貌

（引自：《徽州古建筑丛书——棠樾》第8页）

图1-29 安徽省歙县棠越村牌坊群

独缺"义"字坊，至鲍漱芳时，官至两淮盐运使司，掌握江南盐业命脉。他欲求皇帝恩准赐建"义"字坊，以光宗耀祖，便捐粮十万担，捐银三万两，修筑河堤八百里，发放三省军饷，此举获得朝廷恩准。于是棠樾村头又多了一座"乐善好施"的义字牌坊。

牌坊既反映了徽州人在功名、政绩上的成就，同时也是徽州人经历的艰辛与困苦的表达，见证了徽州人所遵循的忠、孝、节、义等中国传统的优秀品质（图1-28、图1-29）。

## 马头墙

　　马头墙是徽州村落民居的重要特色。房屋左右两侧筑起的封火墙高于屋顶，超过屋脊，并采取了随屋面层层跌落的方式，使山墙面高低错落富于变化，因其形似马头，故俗称"马头墙"。马头墙一般为两叠式，或三叠式，进深长的高大房屋，马头墙的叠数可多至五叠，俗称"五岳朝天"。马头墙有防火之功用，因徽州"地狭民蕃，间舍鳞次而集，略无尺寸间隙处"，火灾"或一年一作，或一年数作，或数年一作。作之时，或延燔数十家，或数百家，甚至数千家者有之。民遭烈祸，殆不堪病"。徽州知府何歆采用了"五家为伍，甃以高垣"，高高的马头墙，能在相邻民居发生火灾的情况下，起着隔断火源的作用，故而马头墙也称为封火墙。马头墙在以后的几百年时间里，一直发挥着作用，也形成了徽州民居的独特形象（图1-30）。

图 1-30 徽州民居中随处可见的马头墙（宏村）

## 砖石木雕

徽州人取当地砖木石资源，按照自己的理解和体会进行建筑装饰，意在承木雕的华美丰姿，取砖雕的清新淡雅，借石雕的浑厚洒脱，形成了一种独特的艺术格调，使村落好似建筑雕刻的艺术画廊。

砖雕集中在宅大门门头，雕刻多采用高浮雕、透雕和半圆雕的技法，并借助线刻造型。雕刻内容丰富多彩，在厚度不过一寸多的水磨砖上，镂空雕刻传神的人物、栩栩如生的鱼虫、蔚为壮观的山水、婀娜多姿的花草等。并通常用回纹、云纹等民间喜爱的纹样做花边和衬底（图1-31、图1-32）。

石雕多集中在柱础、石栏板、粉墙上的漏花窗等，主要采用浮雕、透雕和圆雕手法。门头下面的青石柱础，多刻莲花瓣、如意云、灵芝草等，有些雕刻"瓜瓞绵绵"、"松鼠葡萄"等图案。装

图1-31 宏村民居大门砖雕（1）

图1-32 宏村民居大门砖雕（2）

饰漏花明窗的题材更是丰富，有几何纹样：曲线、连环、回纹、轱辘线、菱形；自然纹样：云纹、叶状、蔓草、花瓣；果木纹样：松柏、梅竹、仙桃；动物纹样：蝙蝠、鹿、马、麒麟，配以边框、楣檐等，为外墙增色不少（图1-33）。

建筑的梁枋、瓜柱、檐椽、雀替、驼峰、槅扇、楼层栏板、柱拱间的华板等处的木雕，采用浮雕、圆雕、透雕和辅之线刻的手法，巧琢龙凤麒麟、松鹤柏鹿、水榭楼台、人物戏文、飞禽走兽、兰草花卉等图案，以赋予建筑美感和舒适感（图1-34～图1-38）。

图1-33 西递村的石雕

图 1-34 宏村槅扇上的木雕

图1-35 宏村民居梁上的木雕（1）

图1-36 宏村民居梁上的木雕（2）

图 1-37 呈坎村民居木雕

图 1-38 卢村民居木雕

# 第二章

## 高楼巍峨贯中西，开平碉楼村落

四邑侨乡

高楼巍峨

梳式格局

筑楼御袭

中西交融

"碉楼"是中国传统民居中特有的一种类型，顾名思义，其造型独特、形似碉堡。一般而言，碉楼建筑占地少、层数多，融日常起居和防卫功能于一体。碉楼分布广泛，遍及青南高原、粤西、粤中、川西、川北、赣南、藏中、藏东南等地区。各地建筑材料、生活诉求、文化脉络不同，表现出强烈的地域特征。在众多建有碉楼的传统村落中，尤以广东省开平地区的碉楼村落最为知名，有"华侨文化典范"之美誉。"开平碉楼与村落"于 2007 年被正式列入《世界遗产名录》，亦是中国第 34 处世界遗产。开平目前登记在册的碉楼共有 1833 座，在各个镇区均有分布。其中，塘口镇、百合镇、赤坎镇、蚬岗镇、长沙区共有 1421 座碉楼，分布于锦江里村、马降龙村、自力村、三门里村等村落中。

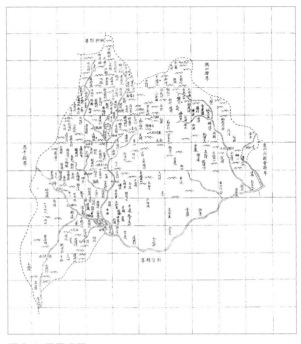

图 2-1 开平县图
（引自：光绪二十三年《广东舆地全图》第 57 页）

## 四邑侨乡

开平位于广东省中南部，隶属于江门市。开平建置较晚，该地区原本分属恩平、新兴、新会等县管辖，明万历初年（1573 年）置"开平屯"，取"开通敉平"之意，后陆续将恩平、新兴、新会、台山等县属地割于开平置县，因而常被称为"四邑地区"（图 2-1）。①

开平境内东部以平川为主，北部和西部多山地丘陵，大部分地区海拔不足 50 米。据民国 22 年《开平县志》记载，"开平之地七阻山而三滨海，崇山隧谷，明代称为岭西之地也"。碉楼主要集中于中部平原地区，南北山地丘陵数量较少（图 2-2）。该地区位于南亚热带季风区，温暖湿润、降水充沛；水系密布，潭江自西南向东北流经，为沿岸村镇的供水、运输、养殖等提供了重要资源。

开平地处中国的岭南地区，周边分布有三大民系，包括广府民系、客家民系、潮汕民系，其中尤以广府民系最为庞大。开平住民属"四邑民系"，是广府民系的分支，在江门市下辖的新会区、开平市、恩平市、台山市等区域居住生活。住民

① 由于鹤山市1983年之后并入江门市，所以亦有"五邑地区"之称谓。

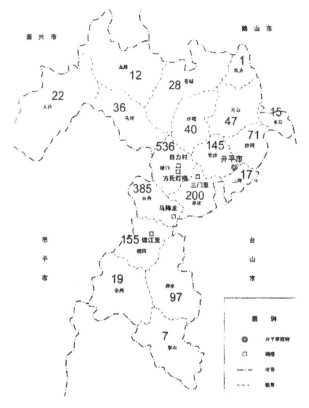

图 2-2 开平碉楼分布图

该图示以镇、区的行政区划为边界，对区域范围内的碉楼数量进行统计。其中数量最多的为中部的塘口镇、百合镇、赤坎镇。后历次普查数量略有变化。实际数量多于图中所示。

（引自：《开平碉楼——中西合璧的侨乡文化景观》第 83 页）

使用"四邑方言"，亦称"冈州方言"，该方言普及率广，涉及 9000 多平方千米，约有 390 余万人使用。

开平被称为"侨乡"，约有 380 余万海外华侨，分布于全世界 100 多个国家。四邑地区邻近南海，便于海外通商。唐显庆六年（公元 661 年）曾于广州创建市舶使，征收关税、监管贸易；北

宋开宝四年（公元 971 年）设广州市舶司，进行入港出洋管理；元代设市舶提举司；明洪武七年（公元 1374 年）关闭市舶司，明永乐元年（公元 1403 年）复置；清乾隆二十二年（公元 1757 年）谕令"只许在广东收泊交易"，即所谓"一口通商"，海外商贸仅限于广东地区。

自唐以来，四邑居民出南海到东南亚一带，成为最早的侨民。明清时期施行"海禁"，限制了沿海居民的生活来源，部分居民被迫到海外谋生。此外，欧洲国家在南洋建立殖民统治，从中国南海招募劳工，客观上促生了海外移民。19 世纪中期，开平居民到北美、欧洲、澳洲等地打工谋生。20 世纪初期有返乡高峰，华侨在故乡置地购田、建造居所。

19 世纪中后期，四邑地区海外移民不断增加。主要基于两方面原因，一是人均耕地减少、社会动荡，居民生活难以为继；二是海外国家对劳动力的需求增加。清顺治时期，广东地区人均耕地约为 7 亩多，到清道光二十五年（1845 年）降至 1.3 亩[①]。19 世纪初期开始的"西进运动"以及"淘金热（Gold Rush）"使得美国开始向西拓进，同时开始铁路、公路、水运等基础设施的建设，亟需大量的劳动力。客观上导致了中国的大规模海外移民，其中以劳动力输出为主要形式，移民地区亦从东南亚转为北美。1868 年，清政府委派前驻华大使蒲安臣（Anson Burlingame）代表中方与美国政府签订《中美天津条约续增条约》（亦称作《蒲安臣条约》），其中规定中美国民"或

① 李胜生. 加拿大的华人与华人社会 [M]. 宗力译. 香港：三联书店，1992.

　　　　　　　　　　　　　　　　　　　　　　　图 2-4　自力村碉楼群

愿长住入籍，或随时来往，总听其自便不得禁阻为是"，成为美国招募中国劳工的法律依据。

然而，1882 年颁布的《排华法案》(The Chinese Exclusion Act) 使得华人移民入境美国受到影响，该法案直到 1943 年才被废除。数十年间，侨民移民受到阻碍，家眷亦不能随同侨居。侨民将大量生活费用汇入四邑地区，成为碉楼建设的经费来源，客观上促成了碉楼的大量建设。

图 2-3 三门里村迎龙楼
迎龙楼面向东南，坐靠西北，为砖木结构，高三层，墙体用大红泥砖砌筑而成。总建筑面积约 450 平方米，墙厚约为 1 米，此楼旧名"迓龙楼"，民国时重修，增设西洋式门窗，并改名"迎龙楼"。

## 高楼巍峨

开平碉楼的营造可以追溯至明末清初，目前已知最早的碉楼有驼驸三门里的迎龙楼（又名"迓龙楼"）、驼驸井头里的瑞云楼、那囤龙田村的奉父楼、棠红乐仁里的寨楼。[1]其中，迎龙楼建造于明嘉靖年间，当时梁金山一带（即现在的开平市区）常有劫匪袭村事件，为防御贼患，关氏族人合力修建此楼（图 2-3）。民国二十二年《开平县志》中记述，"瑞云楼……清初关子瑞建，楼高三层，壁厚三尺六寸，全用大砖砌筑，籍避社贼之扰"。开平碉楼的建造材料多元、形态丰富，

① 钱毅. 近代乡土建筑——开平碉楼 [M]. 北京：中国林业出版社, 2015: 50.

体现了传统建筑文化的传承与历史发展，与不同时期和地域的建造技艺相结合，呈现出丰富多彩的历史价值和社会文化价值（图2-4）。

根据建筑功能的不同，开平碉楼可大致分为三类：第一类，由相邻村民合建而成、共同使用，称作"众楼"或"众人楼"；第二类，由住户独立建造，用于日常起居，称作"居楼"；第三类，用于防御预警，由联防村落集资建造，根据其位置不同分别称作"门楼"、"更楼"、"灯楼"等。[①]目前，开平统计在册的众楼共有473座，居楼有1149座，更楼、灯楼、门楼等有221座。[②]

无论碉楼功能有何不同，多为三层以上的多

图2-5 马降龙村永安里锦江楼 (1)

图2-6 马降龙村永安里锦江楼 (2)

建于1918年，采用钢筋混凝土结构，高5层，其中1—4层为居住之用。各层没有进行二次分隔，采用大通间；层高从下至上递减，首层高约3.5米，第四层高2.7米；第五层设有阳台，向四周悬挑。建筑外立面装饰较少，开设矩形窗洞和射击孔洞。

---

① 张复合，钱毅，李冰．中国广东开平碉楼初考 [M] //黄继烨，张国雄等编著．开平碉楼与村落研究．北京：中国华侨出版社，2006：47-48．

② 程建军．开平碉楼——中西合璧的侨乡文化景观 [M]．北京：中国建筑工业出版社，2007：105．

图 2-7 马降龙村永安里天禄楼

层建筑，兼顾防御和防涝之用，其墙体厚度可达
1 米左右，而且只开小窗，并设有栅栏、铁板，
加强防御作用。在屋顶端部，还可见堡垒状构筑
物（地方俗称"燕子窝"），堡上开有射击孔。

众楼类似于现代的集合住宅，当村落遭遇匪
患或涝灾时，各户人家进入其中避祸，平时则用
于储藏物品。由于多户同住，众楼的层数和房间

数量均较多（图 2-5 ~ 图 2-10）。

居楼的建造者家境较为殷实，故而对于防
御性的诉求更为强烈。居楼选址多在村落的后部
或侧面，建筑形体高大、围墙厚实、内部宽敞，
集防卫和日常起居等功能于一体（图 2-11 ~ 图
2-15）。

门楼、更楼、灯楼等位于村落的入口处或外

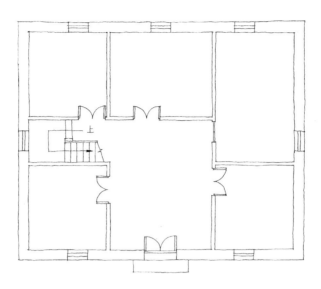

图 2-8 马降龙村永安里天禄楼首层平面图示

（改绘自：《开平碉楼——中西合璧的侨乡文化景观》第 88 页）

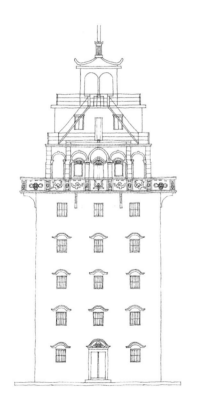

图 2-9 天禄楼立面图示

（改绘自：《开平碉楼——中西合璧的侨乡文化景观》第 88 页）

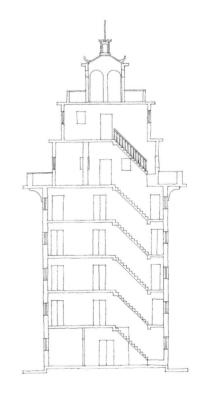

图 2-10 天禄楼剖面图示

（改绘自：《开平碉楼——中西合璧的侨乡文化景观》第 88 页）

图 2-11 自力村云幻楼 (1)　　　　　　　　图 2-12 自力村云幻楼 (2)

楼高 5 层, 顶层为敞廊式平台, 由方文娴斥资建造。方文娴名伯泉、号侣衡、别号云幻, 故而命名碉楼为"云幻楼"。方文娴曾离乡到南洋一带经商, 于 1921 年寄汇其妻关氏, 遂建造该居楼。①

图 2-13 锦江里村瑞石楼 (1)　　　　　　　图 2-14 锦江里村瑞石楼 (2)

被誉为"开平第一楼", 高达 9 层, 约为 28 米, 为黄璧秀于民国 12 年 (1923 年) 兴建。该建筑的主要建造材料多从香港运送而来, 耗资约 3 万港币, 用时 3 年。瑞石楼由黄璧秀的侄子黄滋南设计, 在建造过程中工匠进行了完善和修改。

① 张国雄, 梅伟强. 开平碉楼与村落田野调查 [M]. 北京: 中国华侨出版社, 2006: 42—44.

图 2-15 锦江里村瑞石楼南立面

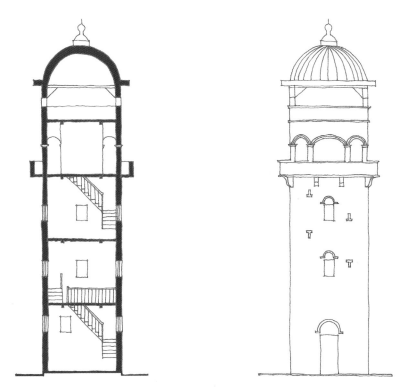

图 2—16 自力村方氏灯楼立面和剖面图示

方氏灯楼位于自力村南侧约 1.5 千米处的山地上，由方氏家族集资建造。灯楼高约 18 米，共有 5 层，顶部采用圆形穹隆，装饰典雅、形体优美。

（改绘自：《开平碉楼——中西合璧的侨乡文化景观》第 91 页）

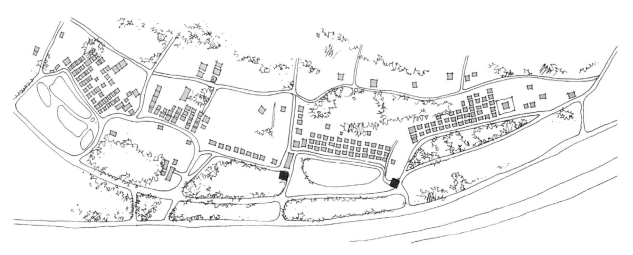

图 2—17 马降龙村门楼位置示意

（改绘自：开平碉楼与村落保护管理办公室资料）

图 2-18 马降龙村北门楼

图 2-19 马降龙村南门楼

围高地，在夜晚可打更报时、点灯眺远、村间联防（图2-16）。例如马降龙村庆临里西北、西南各置有门楼，北门楼于清末修建，楼高二层，采用钢筋混凝土结构。北门楼和南门楼亦名"北闸"和"南闸"，为入村必经之道，顶层设有瞭望台（图2-17～图2-19）。

## 梳式格局

开平传统村落重视规划，在营建之前通过章程和图纸约定街巷布局和建筑面积。例如马降龙村的庆临里，保存有《宣统元年吉立庆临堂起屋章程》，附有宅基地划分图（图2-20）。根据章程，"巷口屋横过十踏，先要相连起满，然后在巷口第二踏起算，又横过十踏起满，至巷口第三踏亦如是。"此外，这份章程还对村民入股进行了规定，富足人家可以多入股，但是要保证每

股每间等量，不能影响既定的巷道格局，从而确定整体布局的完整性和延续性。开平村落的规划较早，碉楼多为后期建造，往往位于村落的后部或两侧，即使体量较大，也不会对原有的空间格局造成太大影响。

章程文本和图示反映了开平碉楼村落的格局特征：村落前端设有"塘基"，即人工挖掘而成的水池；村落主体为整齐排列的住户，以方格网进行划分，使得土地得到最有效的利用；村落两侧建有"灯楼"，为集体共同出资建造。

开平碉楼村落布局严整，承袭了广府民居的聚落特征，即"梳式格局"。所谓梳式格局，即民居沿矩阵格网密排，街巷呈垂直正交关系，建筑间距较小，有利于气流快速通过，体现了对湿热气候环境的适应。村落融合了传统社会的里坊营建和现实生活的功能需求，具体表现在总体构成、街巷布局以及碉楼的位置关系三个方面。

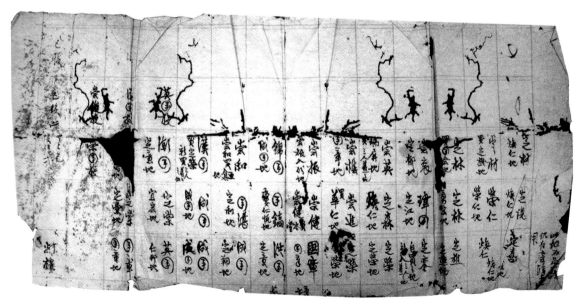

图2-20 庆临里宅基地划分图示
（引自：《开平碉楼——中西合璧的侨乡文化景观》第31页）

图 2-21 马降龙村选址格局图示
（引自：Google Earth）

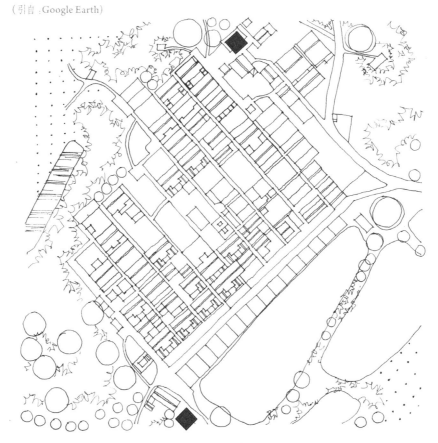

图 2-22 马降龙村永安里总体格局图示，天禄楼和保安楼位于东北角和西南角
（改绘自：《开平碉楼——中西合璧的侨乡文化景观》第 25 页）

图 2-23 自力村碉楼群

　　首先，就总体构成而言，开平碉楼村落多由
若干个子单元（即自然村）组成，各单元沿轴线
排列布局，单元内部自成体系，往往称之为"里"。
例如马降龙村，位于开平市百合镇，背靠百足山、
前临潭江（图 2-21）。全村由永安里（图 2-22）、
南安里、河东里、庆临里、龙江里共同组成。各
里自成体系，成格网布局，普通民居位于村落中
部，碉楼位于外围转角处。再如自力村，位于开
平市塘口镇，位于开平市区西北约 12 千米处。
自力村包括和安里、合安里、永安里三个自然村。
1950 年代土改，地方成立农会，和安里、合安里、
永安里、莲兴里、东成里联合成立"自力农会"，
后遂成为村名（图 2-23）。①

　　其次，每个自然村内部通过正交格网排列而
成，建筑院落沿进深方向紧密排布，在不同列之
间形成巷道。村落的前端往往会留出空地，称作
"禾坪"，用于晾晒谷物，旁边还有池塘，可用于
养鱼、灌溉、防火等。例如锦江里村，隶属于开
平市蚬岗镇，村落坐北朝南，稍向东偏转，邻近
潭江。村落整体呈梳式布局，共由十条巷道排列
组成，巷道宽约 1.5 米（图 2-24）。村落中建有
三座碉楼，分别是瑞石楼、锦江楼、升峰楼，位
于村落北侧（图 2-25）。其中，瑞石楼和升峰楼
最高，分居两侧，锦江楼较矮，居于中部，三座
碉楼形成一道屏障，庇荫全村（图 2-26）。

　　再次，开平碉楼由于其层数多，防御性强，

---

① 张国雄，梅伟强. 开平碉楼与村落田野调查 [M]. 北京：中国华侨出版社，2006：34.

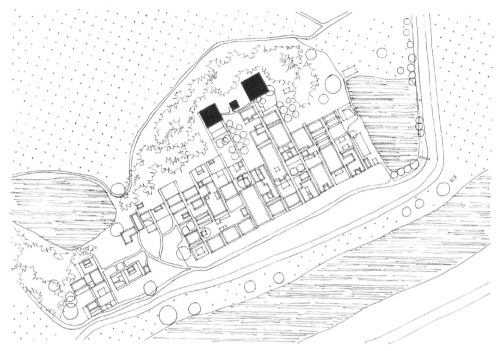

图 2-24 锦江里村总体格局图示

（改绘自：《开平碉楼——中西合璧的侨乡文化景观》第 33 页）

图 2-25 锦江里村瑞石楼、锦江楼、升峰楼

图 2-26 向南鸟瞰锦江里村

## 筑楼御袭

开平碉楼因"避扰"而生，碉楼与村落具有显著的防御性。具体而言，防御性有多重含义，一是防御外敌侵袭，二是"土""客"间的械斗与防御，三是预防涝灾。

首先，防御匪患和开平的地理区位相关。开平地区位于新会、台山、恩平、新兴四县之间，各县均疏于管理，方志有云"明代峒獠时轶"。该地区远离行政建制的中心区域，长期以来疏于管理，客观上促生了地方匪患，对住民造成负面干扰甚至生命财产的威胁。因而加强民居和村落的防御性就显得格外重要。清宣统《恩平县志》记载，"本邑地瘠民贫，向少楼台建筑。迨因匪风猖獗，劫掳频仍，唯建楼居住，匪不易成。且附近楼台之家，匪亦有所顾虑。故薄有资产及从外洋归国，无不百计张罗勉筹建筑，师古人坚壁清野之意。"建造楼宇以抵御劫掳，尤其是从海

在村落中居于显要位置。碉楼常常位于中部或者北侧，可以鸟瞰村落全景以及周边区域，同时各碉楼之间能够形成掎角之势，增强村落的整体防御能力（图 2-27）。其和村落整体格局的空间关系可大致分为三类：第一类，碉楼位于村落的后部，成为空间形态的视觉中心；第二类，碉楼位于村落的两侧，形成拱卫之势；第三类，碉楼分散布置。

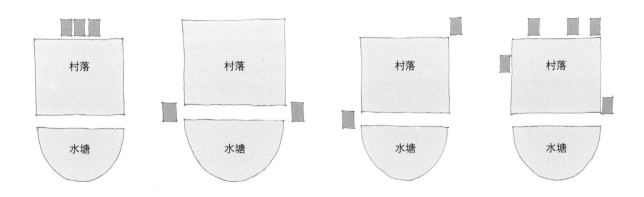

图 2-27 碉楼补充村落防御模式
（引自：《世界文化遗产开平碉楼与村落空间组织特征研究》）

外归来的侨民，为保护自己的资产而建造碉楼。

其次，原住民和外来者之间难免矛盾，甚者械斗相争。根据民国二十二年《开平县志》记载，"顺治六年置县，析恩平之长居、静德、新兴之双桥、新会之登名、古博、平康、得行等都入之"。由于开平辖区原为恩平、新兴、新会等县属地，民情礼俗各有不同，故而易起纷争。清雍正时期，惠州、潮州、嘉应的客民应招来开平、恩平、鹤山等地开荒移垦，客民数量不断增加，和"土民"之间日渐形成矛盾，并爆发多次"土客械斗"。[①]

其三，四邑地区水网密布、降水多，且邻近入海口，洪涝灾害多发，特别是在夏秋两季易受台风影响。根据县志记载，台风可"拔起树木"，造成"祠庙屋宇倒塌"。基于此，四邑居民营造高大屋宇，加厚墙体，以抵御自然灾害的侵袭。

图 2-28 碉楼墙体开设有射击孔

图 2-29 马降龙村林庐的防盗窗

① 刘平. 被遗忘的战争——咸丰同治年间广东土客大械斗研究 [M]. 北京：商务印书馆，2003：114.

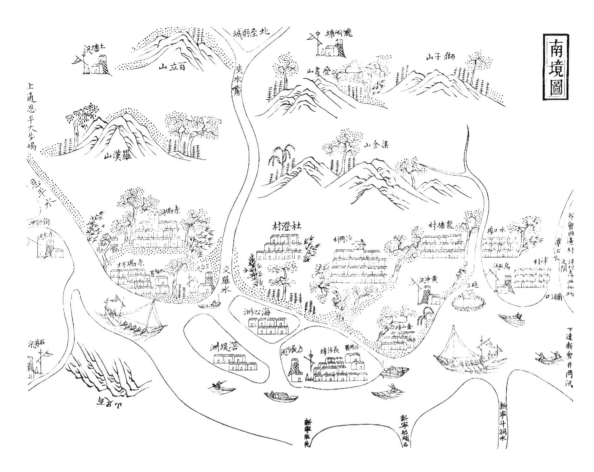

图 2-30 清道光三年《开平县志》开平"南境图"

此外，开平碉楼村落具有系统性的防御特征，村与村之间通过瞭望塔、灯楼等形成联防；村落内部由前至后依次包括门楼、灯楼、碉楼，可以守望相助、联动御敌；每栋碉楼内部，包括防盗门窗、射击孔、探照灯、报警器等要素（图2-28、图2-29）。根据清道光三年《开平县志》中的"南境图"，沙冈村和赤勘洞均已建起碉楼，位于交罗水两岸，形成掎角之势（图2-30）。而在各个水口，如鸟石汛、黄冲汛、长沙汛、三合汛等处建有炮台和碉堡，构成完备的防御体系。

## 中西交融

开平碉楼是侨乡文化的物质载体，返乡侨民将自己在海外的所见所闻寄托于建筑与村落空间，从而形成了中西交融、丰富多彩、"千楼千面"的建筑艺术形式。现存建筑多为民居，在规划建设时不拘一格，体现了设计者和居住者的个性意愿。在空间营造方面，既有传统民居固有的堂、间、室，亦吸纳了现代住宅的门廊、起居室、花园等空间类型。例如塘口镇赓华村的立园，是旅美侨

图 2-31 塘口镇赓华村立园 (1)

图 2-32 塘口镇赓华村立园 (2)

商谢维立的宅院，融合了传统中国园林和欧美园林的特征（图 2-31、图 2-32）。

开平碉楼的历史发展经历了初期、盛期、后期三个阶段。其中，民国前期为碉楼建造的盛期，该时期的建筑与传统形态具有显著不同，在装饰方面融入了西方样式，建造材料亦由原先的砖石转向混凝土，其建造原材料为水泥，当时多凭借国外进口。碉楼的外观融合了西方古典建筑的柱式、山花等装饰手法。例如自力

图 2-33 自力村居庐室内空间 (1)

图 2-34 自力村居庐室内空间 (2)

村共有9座碉楼、6座居庐,前者最高可达八九层、用于防御,后者多为三四层、为生活起居之用(图2-33、图2-34)。15座建筑大多建造于民国时期,其中龙胜楼建成时间最早,为民国6年(1917年)建造,楼主为方文龙、方文胜兄弟俩,坐落于

合安里。

开平碉楼为"折中"风格,在建筑平面布局和外立面装折上各有体现。建筑外观融合了古罗马柱式、欧洲城堡的岗塔、巴洛克山花等丰富的元素,呈现出"碎片"式组合。[1]虽然开平

---

① 张国雄. 开平碉楼的类型、特征、命名 [M] //黄继烨、张国雄等编著. 开平碉楼与村落研究. 北京:中国华侨出版社,2006:91.

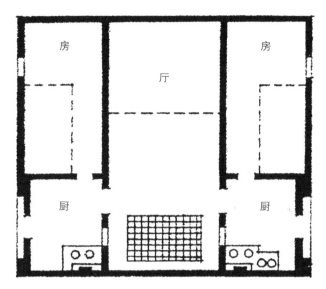

图 2-35 广府民居 "三间两廊"

（引自：《广东民居》第 74 页）

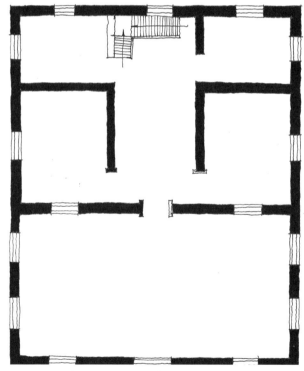

图 2-36 开平长沙区八一乡保华坊吴宅

（改绘自：《广东民居》第 208 页）

碉楼的外观融合了不同民族和地区的建筑样式，但是其平面形式却沿袭了广府民居中的"三间两廊"，采用院落式布局，正房为三开间，当心间为堂屋，是日常起居的公共场所，并设有牌位，供奉先祖，次间作为卧房；天井居于正房的对面，灶台位于两侧端部（图 2-35、图 2-36）。开平碉楼的平面尺寸不大，不用设柱子，紧靠四周的墙体承重。

装饰主要集中于门斗、窗口、柱廊、山花等部位，既沿用了传统的题材，例如题记、楹联、吉祥纹样等内容，寄托美好愿望、表达居者品格；又融合了不同国家和地区的装饰题材，例如柱式、卷草、几何图案等内容，反映了设计者和建造者的海外阅历（图 2-37 ～ 图 2-40）。其中装饰最为显著的是屋顶部分，由于顶层多向外悬挑，因而体量较大，同时顶层集中了山花、女儿墙、栏杆、瞭望台等元素，成为视觉焦点（图 2-41 ～ 图 2-46）。

图 2-37 "迎龙楼" 楹联装饰

图 2-38 "云幻楼" 楹联装饰

图 2-39 "永庆楼" 题额

图 2-40 "耀光别墅" 题额

图 2-41 自力村"铭石楼"屋顶装饰细部 (1)

图 2-44 "耀光别墅"屋顶装饰

图 2-42 自力村"铭石楼"屋顶装饰细部 (2)

图 2-45 "球安居楼"屋顶装饰

图 2-43 "云幻楼"屋顶装饰

图 2-46 "永庆楼"屋顶装饰

# 第三章

## 圆楼方楼五凤楼，闽西南古村落

土楼主要分布在中国东南部的福建、江西和广东三省，其中以福建西南部土楼分布最广、数量最多、保存最好，总数达到 3000 余座[①]。这些土楼适应了当时的聚居生活和防御要求，规模宏大，质朴奇特，形成独特而优美的村落。在选址上，山环水绕，充分考虑地形地貌、气候环境等自然条件；在外观造型上，方圆结合，形态多样，造型优美，构思精巧，具有强大的视觉冲击力；在材料选用上，采用当地最原始简单的土、木和石，生态自然；在结构选型上，土木结合，以夯土的外墙和楼内的木构架为主要支撑结构；在空间使用上，聚族而居，强调统一均等，和谐平等；在尺度上，体量巨大，极有震撼力，但内部尺度宜人，极富人性化。2008 年，"福建土楼"被登录为世界文化遗产，其中有 46 座土楼入选[②]。

## 防匪御寇

福建西南部土楼的修建时期，跨度比较大，从明嘉靖年代开始，一直持续到 1980 年代。

这些土楼修建的缘起，主要是闽西南防御匪寇和抗倭斗争的需要。明嘉靖年间，闽西南一带动荡不安，山贼、海盗、倭寇等接踵而至，可谓"无地非倭矣"[③]。明代漳州人李英曾说："福建罹毒最甚，十年之内，破卫者一，破所者二，破府者一，破县者六，破城堡者不下二十余处。屠城则

百里无烟，焚舍而穷年烽火。人号鬼哭，星月无光，草野呻吟"。可怜的百姓，生逢乱世，官府自顾不暇，只能寻求自保，于是借鉴军事堡寨的做法，举全族之力，修筑土楼土堡。

对于早期土楼出现的情况和缘由，明万历元年（1573 年）《漳州府志·兵防考》中有较明确的记载："漳州土堡，旧时尚少，唯巡检司及人烟辏集去处设有土城，嘉靖辛酉年以来，寇贼生发，民间筑土围土楼日众，沿海尤多"。该府志还详细记载了各县土堡、土楼等的名称和分布情况，这是目前发现的较早记载"土楼"的文献。七年之后，漳籍进士林偕春（1537 ~ 1604 年）在《漳浦县志·兵防总论》中记载道："坚守不拔之计，在筑土堡，在练乡兵保护广大百姓……凡数十家聚为一堡，砦垒相望，雉堞相连。每一警报，辄铎喧闻，刁斗不绝。贼虽拥数万众，屡过其地，竟不敢仰一堡而攻，则土堡足恃之明验也"。可见，由于当时社会动荡，百姓不得不修建土楼，以保平安。对此，清康熙《漳浦县志》也明确指出："土堡之置，多因明季民罹饶贼、倭寇之苦，于是有力者率里人依险筑堡，以防贼害耳"。就连清代闽浙总督左宗棠在同治四年（1865 年）《攻毁云霄厅岳坑匪巢余逆净折》中也承认："窃维漳州一带负山滨海，民间土楼石寨林立，由明季备倭，国初备海寇而设"[④]。

到了清代康乾年间，建造土楼更为普遍并臻

---

① 《福建土楼》编委会编．福建土楼 [M]．北京：中国大百科全书出版社，2007：24．
② 包括永定县的初溪土楼群10座土楼、洪坑土楼群7座土楼、高北土楼群4座土楼和衍香楼、振福楼，南靖县的田螺坑土楼群5座土楼、河坑土楼群13座土楼和怀远楼、和贵楼，福建省华安县的大地土楼群3座土楼。
③ 《明世宗实录》载："福、兴、漳、泉诸处，无地非倭矣"。
④ 转引自：汤毓贤．南国残阳 [M]．福州：福建教育出版社，2009：241．

于成熟。这主要由于三个方面的原因。其一是，动荡的社会环境。闽西南地瘠民贫，民风彪悍，多滋生土匪山寇，宗族之间以及客土之间，矛盾交织，社会不安，械斗不断。雍正二年（1734年）皇帝下诏："朕闻闽省漳、泉地方，民俗强悍，好勇斗狠，而族大丁繁之家，往往恃其人力众盛，欺压单寒，偶因雀角小故，动辄乡党械斗……独有风俗强悍一节，为天下所共知，亦天下所共鄙。小者邻族邻村相斗，大者联乡甚至跨县械斗"。其二是，雄厚的经济基础。清代时这一带条丝烟、茶叶等得到长足发展，销往全国各地和东南亚各国，促进了经济的发展，为土楼的修建奠定了经济基础。其三是，聚居的家族模式。清代时人口迅猛增加，导致住房需求扩大，为了适应家族发展，就修建土楼，聚族而居。清中叶后，随着社会治安的好转，土楼虽仍有防御功能，但更多地开始体现居住性，其居住功能明显大于防御功能，甚至成为家族财富和地位的象征，但其建筑作为文化得以传承，修建土楼变成一种惯性。

1960、1970年代，兴建土楼又出现了一个小高潮。这主要是由于新中国成立后的生育高峰，导致人口剧增，迫切需要大量住房。同时，经过三年经济困难时期，农村经济好转，有能力建造新的土楼。因此，在倡导集体观念、提倡互联合作的大背景下，只要出工挣得工分，不必花太多钱，就可以实现聚居的"集体生活"。这一时期所建设的土楼简朴实用，构造简练，没有过多的装饰。

## 山环水绕

村落的选址，有其普遍原理，即一般都会考虑山清水秀、土壤肥沃、阳光充足、便于耕作、利于防守等因素。闽西南，崇山峻岭，气候温暖，植被茂盛，夏季雨水丰沛，冬天阴寒潮湿。这些闽西南的村落，多坐落于山岳小平地，依偎于河畔，耸立于田园，依山傍水，向阳避风，藏风聚气，和自然融为一体。村内有溪水流过，溪流不仅满足人们生活和农业的需求，也有利于丰富村落视觉景观。村周有山坡梯田环绕，与周边自然环境和谐融合。土楼规模宏大，或自成一体，或成组成群，和当地传统低矮民居，组合成大大小小的村落，散落在闽西南山水间。

永定县的初溪村，为徐氏族人居住的村落，四周群山环抱，两路山涧水分别从东到西、自南而北流经村内，在村北汇合后向西流去。溪流谷底遍布的大大小小的鹅卵石，成为绝好的建筑材料。土楼建于小溪南部的平缓山坡，越靠近小溪的土楼，年代越久，规模也越大（图3-1）。由此，可以判断，村落是从溪边沿着山势逐渐向高处的南面扩展。

永定县的洪坑村，为林氏族人居住的村落。洪川溪从北向南贯穿全村，蜿蜒曲折，溪流两侧的山峰隔溪相望。不同时期、不同形态的35座土楼，或圆或方，沿溪分布，错落有致（图3-2）。巍峨的土楼及村边的群山和田园，清澈的溪水及沿溪而建的小桥，融为一体，优美至极（图3-3）。

南靖县的田螺坑村，为黄氏族人居住的村落，坐落在湖崬山的半坡上，东、北、西三面环山，

图 3-1 永定县初溪村

依山傍水，主要由五座圆楼和数十座方楼组成。这些土楼的命名也非常有特点，均有"庆"字，如列为世界遗产的集庆楼、余庆楼、绳庆楼、华庆楼、庚庆楼、锡庆楼、福庆楼、共庆楼、藩庆楼和善庆楼等。

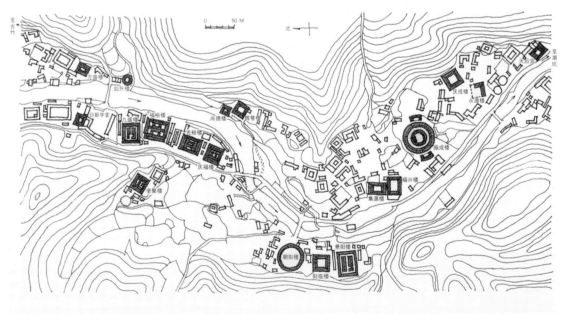

图 3-2 永定县洪坑村总平面图

图 3-3 永定县洪坑村局部鸟瞰图

图 3-4 南靖县田螺坑自然村土楼群鸟瞰图

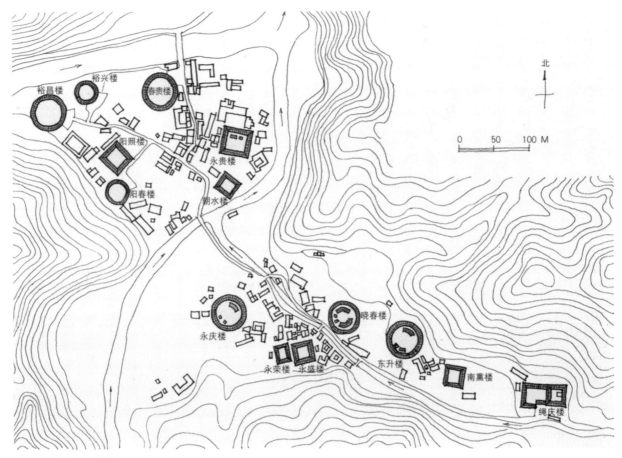

图 3-5 南靖县河坑村平面图

南面为大片梯田。村内有五座土楼，即方形的步云楼和圆形的振昌楼、瑞云楼、和昌楼和文昌楼，依山势而建，高低错落，疏密有致，似飞碟从天而降（图3-4）。

南靖县的河坑村，为张氏族人居住的村落，东、西、南三面环山，一条小溪自东而西穿过村落，汇入村西北的曲江溪（图3-5）。村中十四座土

图 3-6 南靖县河坑村鸟瞰图

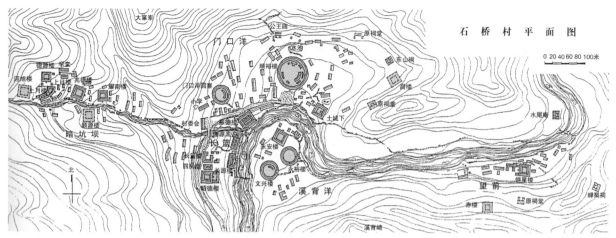

图 3-7 南靖县石桥村平面图
（引自《福建土楼建筑》第 113 页）

图 3-8 南靖县石桥村中"溪背洋"自然村鸟瞰

楼（七圆七方），分布在不足半公里的小溪两岸（图3-6）。

　　南靖县的石桥村，由四个自然村组成，均依山面水，其中"溪背洋"自然村规模最大，土楼也最为集中（图3-7）。溪背洋村南面靠山，三面临溪，是"溪背"上非常难得的一块平整土地，故得名"溪背洋"。村内近十座土楼，分布于溪流两岸（图3-8）。

图 3-9 永定县洪坑村环兴楼鸟瞰

图 3-10 南靖县石桥村顺裕楼鸟瞰
该土楼建于民国时期，由于是集资兴建的，不限于房派，所以没有房派的祖堂，只有祭祀土地、观音的庙堂。

## 群聚一楼

一座土楼内，往往居住一个家族，团结互助，共渡难关，维系着共同的利益和荣誉。每座土楼，就是一个小社会，"一家有喜，全楼欢庆；一家有难，合楼帮扶"（图3-9）。承启楼里有一副堂联："一本所生，亲疏无多，何须待分你我；共楼居住，出入相见，最宜注重人伦"，其中所描绘的正是一楼人和睦相处、其乐融融的动人情景。

一座土楼一般占地1000平方米以上，高3～5层，开间不等。在南靖县调查的246座土楼中，80%以上是每层有20～40个开间[1]。规模比较大的，如南靖县石桥村的顺裕楼，外径为74.1米，高四层，底层土墙厚1.6米，环径72个开间，四层共288间，设一个正门和两个边门，四部楼梯（图3-10）。内院中又建两层环楼，但因资金紧张，而仅完成其中四分之一（图3-11）。顺裕楼最多时，曾住过900多人。也有的土楼规模较小，如永定县洪坑村的如升楼，高三层，直径只

图 3-11 南靖县石桥村顺裕楼内部

图 3-12 永定县洪坑村的如升楼
建于光绪年间，规模很小。

① 戴志坚著. 福建民居[M]. 北京：中国建筑工业出版社，2009：234.

有 17.4 米，16 个开间，面积仅为前者的 1/18（图 3–12）。

土楼采用中轴对称的平面布局，外观高大规整、封闭独立、质朴粗犷，院内却是另一番气象，其空间也颇具特色：其一是"房间众多"，能容纳很多人，如永定县承启楼最多时曾居住 600 多人；其二是"向心统一"，土楼中间有宽敞的庭院，作为家族的公共空间，楼内所有的房间都朝向内院（图 3–13）；其三是"空间均等"，上下房间大小一律均等，平等分配，不分长幼尊卑（图 3–14）；其四是"中轴对称"，如房间与楼梯的分布、大门与祠堂的位置，都坚持严格对称的格局，公共空间则集中在中轴线上。

土楼还有一个显著特征就是竖向分配空间，即一层为厨房，二层为谷仓，三层以上为卧房。之所以把谷仓放到二层，是考虑到楼下的厨房每天烧火，有利于空气干燥，谷物不易腐败生虫。将卧室设于高处，是由于卧室最好能开窗，但如果底层开外窗的话，不利于防御。

图 3–14　南靖县河坑村春贵楼通廊内景

图 3–13　南靖县河坑村春贵楼内景
该土楼建于 1963 ～ 1968 年，高三层，每层 32 间，设有四个楼梯，院内有水井。

图 3–15　永定县洪坑村振成楼水井
水井是每个土楼的必要设施。

图 3-16 南靖县石桥村顺裕楼烟囱

图 3-17 永定县南江村振阳楼外观
其窗户的设计非常自由。

图 3-18 南靖县石桥村永安楼外观
其窗户的开启非常随意。

内院一般用卵石铺砌,可晾晒衣服和粮食。内院中必有公用的水井一口,也有的设两口(图3-15)。有的井盖上开三四个井眼,便于多人同时取水。

土楼外墙的一层一般不开窗户,但有的会设烟囱洞口,尺度极小(图3-16);二层外墙一般也不开窗,有的只开约20厘米的窄缝,作为通风孔。三层以上一般开小窗,高70~90厘米,宽40~50厘米。由于这些窗户往往是各家自行

图 3-19 南靖县河坑村阳照楼外观
其窗户大小不一,非常活泼。

图 3-20 永定县初溪村余庆楼
建于雍正七年（1729 年），通廊式，高 3 层。

图 3-22 南靖县河坑村春贵楼内景立面
每户占一层到三层的一间。

开凿，有先有后，有大有小，高低不一，上下不对位，同层不对齐。但同时，这些窗户形状类似，比例基本相同，所以放在尺度较大的墙面上时，并没有显得凌乱无序，有一种韵律美，既活泼可爱，又统一协调（图 3-17 ～图 3-19）。

土楼的交通组织方式，主要可分为通廊式和单元式两种。根据黄汉民统计的 1100 余座圆楼中，通廊式约占八成，单元式约占两成；2100 多座方楼中，通廊式约占九成，单元式约占一成[1]。可见，通廊式土楼更为多见。

所谓通廊式，就是各楼层设通廊，联系各个房间，有公共楼梯组织上下交通。闽西的客家土楼主要采用这种形式，家族内各户之间的分户不太明确，反映出强烈的群居性和公共性。这种土楼的缺点是，各户之间的干扰非常严重，隔声较差，但居住者多已习惯这种生活方式了。如永定县初溪村的余庆楼，就是典型的通廊式土楼（图 3-20 ～图 3-22）。

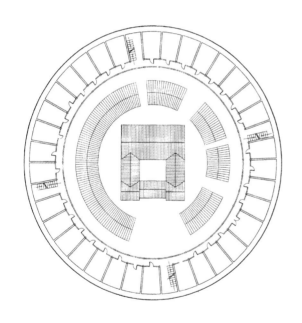

图 3-21 永定县初溪村余庆楼二层平面图
每层 34 间，设有四部楼梯，祖堂设于院中间。
（见：《福建土楼》第 128 页）

---

[1] 黄汉民著. 福建土楼（修订本）[M]. 北京：生活·读书·新知三联书店，2009：37、55.

图 3-23 永定县初溪村集庆楼
高 4 层，原为通廊式，清乾隆九年（1744 年）维修该楼时，改
为单元式。

图 3-24 永定县初溪村集庆楼内各个单元的楼梯

图 3-25 华安县大地村二宜楼鸟瞰
建于清乾隆年间，双环圆形楼，外环高 4 层，内环高 1 层，每个单元均有独自上下的楼梯。

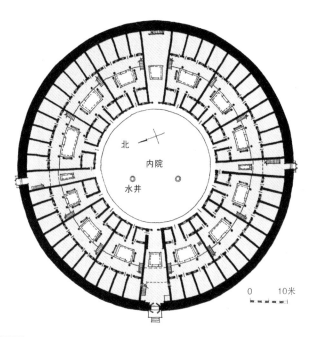

图 3-26 华安县大地村二宜楼平面图

外环共 52 个开间,正门、两个边门和祖堂占 4 开间,其余 48 个开间分成 12 个单元,有 4 开间单元 10 个,3 开间和 5 开间的各 1 个单元。

(引自:《福建土楼建筑》第 239 页)

　　所谓单元式,就是整座土楼竖向被平均分为若干个单元,每户占有同一竖向的各层房间,有独自的楼梯。闽南土楼主要采用这种形式,每户有独立的出入口,体现了更多的私密性和独立性,如华安县大地村的二宜楼。但也有个别闽西客家土楼也采用单元式,如永定县初溪村的集庆楼(图 3-23 ~ 图 3-26)。

## 圆形土楼

　　按照土楼的形态,主要可分为圆形土楼、方形土楼、府第式土楼(又称五凤楼)等。以黄汉民统计的 3733 座土楼为例,圆楼有 1193 座,方

楼有 2165 座,五凤楼有 250 座,其他形式的土楼有 125 座[①]。其他形式如椭圆形、凹字形、半圆形等土楼形式的出现,常常是由于受到地形的限制,如在地形狭窄,无法建造圆楼时,就有可能选择椭圆形土楼。

　　圆形土楼最有特色,视觉冲击力也最强。列入世界遗产的 46 座土楼,也以圆形土楼为主。圆楼具有一些明显的优点:一是房间均等,没有角房间,好坏差别不大,家族内部方便分配;二是内院空间大,同样的周长,圆形的面积最大;三是构件统一,便于木料筹备;四是节省木材,由于圆楼外弧较长,土墙承重,而内弧较短,则木构承重,因此,同样面积的圆楼比方楼房间节

---

① 黄汉民著. 福建土楼(修订本)[M]. 北京:生活·读书·新知三联书店,2009:35.

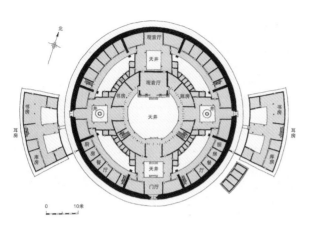

图 3-35 永定县洪坑村振成楼一层平面

外环用青砖防火墙分成 8 个单元，每单元各自与内环天井组成
一个院落。

（引自：《福建土楼建筑》第 191 页）

图 3-36 永定县洪坑村振成楼

底层和二层分别为厨房和粮仓，不开窗户；三、四层为卧室，
开小窗户，内环中间突出部分为祖堂。

图 3-37 永定县洪坑村承启楼

最中心为祖堂。

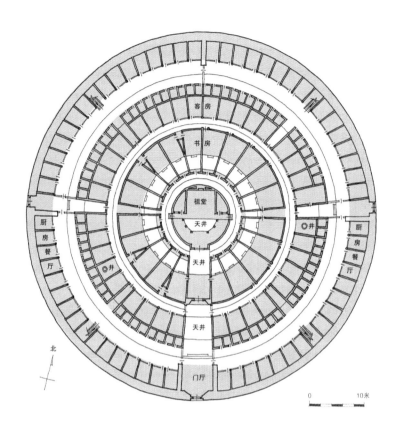

图 3-38 永定县洪坑村承启楼平面图
内环一层,共 21 间,作为子女的书房;中环一层,局部两层,每层 40 间,用作客房;外环 4 层,每层 72 间。全楼共有近 400 个房间。
(引自:《福建土楼建筑》第 179 页)

图 3-39 永定县初溪村集庆楼内景
中间为祖堂。

用歇山顶,雕梁画栋,装饰精美。永定县初溪村
集庆楼的祖堂亦位于土楼的最中央(图 3-39)。

南靖县坎下村的怀远楼,建于清宣统元年
(1909 年),其中间是同心圆形的祖堂,兼作家
族子弟读书的私塾书斋。沿中轴线,又以矮墙分
隔出前后两个小天井(图 3-40、图 3-41)。祖
堂大门正对土楼的入口,堂上有匾额"斯是室",
苍劲有力。祖堂内部雕梁画栋,古雅精美。据说
当年建怀远楼的时候,四层的外墙花费一万块银
圆,而作为祖堂兼私塾的"斯是室"的花费是它

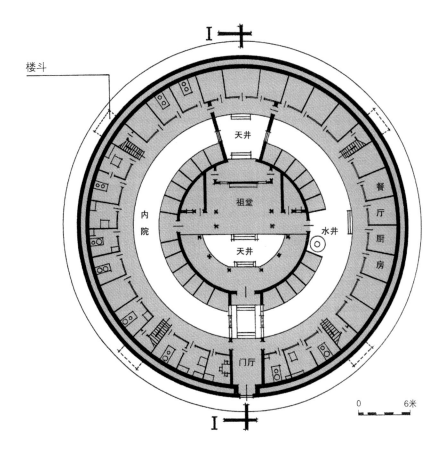

楼斗

天井

餐厅

厨房

祖堂

内院

水井

天井

门厅

0 6米

图 3-41 南靖县坎下村怀远楼平面图
环周共 34 个开间，四部楼梯均匀分布，通廊式，祖堂位于中央。
（引自：《福建土楼建筑》第 174 页）

图 3-40 南靖县坎下村怀远楼外观

图 3-42 南靖县坎下村怀远楼内景
中间为祖堂。

图 3-43 永定县洪坑村奎聚楼内景及其祖堂

图 3-45 华安县二宜楼单元房屋内的壁画

图 3-44 华安县二宜楼祖堂梁架壁画

的两倍多（图 3-42）。

永定县洪坑村奎聚楼，建于清光绪十四年（1834 年），坐北朝南，方形土楼，前面 3 层，后面 4 层。祖堂位于后楼中轴线上，楼阁式，向前形成四层重檐顶，非常壮观（图 3-43）。

也有的土楼祖堂仅占环层的一间。如华安县

大地村的二宜楼，祖堂位于大门对面的环层，而不是院中间。祖堂大门两侧有抱鼓石，雕有如意锁、四龙戏珠等吉祥图案。祖堂梁架（特别是额枋上）和各单元有很多彩绘，富丽堂皇（图 3-44、图 3-45）。同村的南阳楼中的祖堂，也是位于大门对面的环层（图 3-46、图 3-47）。

图 3-46 华安县大地村南阳楼鸟瞰图

## 土楼防御

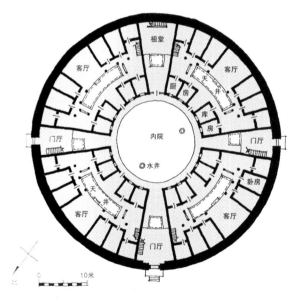

图 3-47 华安县大地村南阳楼平面图

该土楼建于清嘉庆二十二年（1817年），单元式，有内外两环，外环3层，内环1层，外环共32开间，一个大门和两个边门，分成四个单元，每个单元五开间，祖堂位于大门对面。

（引自：《福建土楼建筑》第248页）

土楼在闽西南流行，最重要的原因是其具有很强的防御性。如在闽西南毗邻的大埔县，肖岁材解释"鸣凤楼"修建的合法性时说："国家筑城凿池，设兵守之，无非为保民安邦计。而乡村之远于城者，则有土堡楼寨。凡以守乡里，保宗族，亦即所以翼国也"。所以，在营建土楼时，首先就得考虑其防御性。

高大厚实的外墙是土楼防御的第一道防线。外墙一般高3～5层，十五六米，厚1～2米。如诏安县的"在田楼"墙厚达2.4米。土楼外墙一层的厨房和二层的谷仓一般不开窗户，三层卧室以上才开窗户。墙脚用石砌，而且工匠在砌筑时，有意将卵石的大头朝内小头朝外，这样，从

图 3-48 华安县大地村二宜楼立面

外面撬开卵石是极其困难的。为了增加防御性，土楼的窗户一般是呈喇叭状的箭窗，外小内大，有利于对外观察和射击，又能隐蔽自己，降低伤害（图 3-48～图 3-51）。

土楼的大门往往是薄弱环节，因而其防御能力至关重要。土楼大门一般只有一个，即便是特大型的土楼，最多也不会超过三个。门框常常用条石砌筑。门板一般用厚约 13 厘米的实心木

图 3-50 南靖县坎下村怀远楼的小窗户

图 3-49 永定县西片村振福楼
建于民国 2 年（1913 年），高 3 层，为了防御，底层和二层不开窗户，三层开小窗花。

图 3-51 永定县初溪村土楼的箭窗

板拼接而成，表面包以镀锌薄钢板。门背后有横门闩将门扛住。为了防止火攻，修建土楼时，不但在木门外钉了镀锌薄钢板，还往往在门顶过梁处设"水槽"，可以从上面灌水，形成水帘降温，防止门被烧坏。如华安县的二宜楼，大门内就有喷水设施（图 3-52）。

一些土楼还设有瞭望台，用于观察匪情，了解周边情况，也可在其上架设土铳。永定县初溪村集庆楼第四层，就在外墙上挑出九个瞭望台（图 3-53）。

土楼坚固结实，楼内有谷仓、水井，生活设施应有尽有。一旦受到土匪围困时，可以关闭大门，足不出楼，固守数月。

## 夯土架木

土楼多就地取材，利用当地的生土、木材和卵石营建而成。这些材料的完美结合，使得土楼往往经历数百年而巍然屹立。那么，如此规模宏大的土楼，是如何营建的呢？

图 3-52 华安县大地村二宜楼的注水孔

图 3-53 永定县初溪村集庆楼的瞭望台

土楼的营建一般经过七道程序，即选址定位、开挖地基、打石脚、行土墙、献架、出水、内外装修等。

土楼在选择宅基时，注重坐北朝南，向阳避风，依山傍水。当有一些特殊情况如受禁忌、避煞等限制时，可朝东或朝西，但不得朝北。每建土楼时，首先得请堪舆先生确定正门位置，即门槛的中点，然后再确定土楼的中轴线，并在轴线的端头立"杨公先师"，即定位的木桩，然后才确定圆心。由于山水的地理形势都不尽相同，工匠会因地制宜来进行调整。如山坳之间，风会十分强烈，寒冷的冬天对人体不利，大门需要避开向风面。沿河的土楼大门朝向多依水而变，门前

刚好有水经过，方便解决生活用水问题，但土楼不宜直冲溪流，一旦溪流直冲土楼，就要将楼门转个角度，避免大水时水流冲进土楼。如永定县西片村的振福楼（图3-54、图3-55）和新南村的衍香楼（图3-56），其大门都没有正冲溪流。

如果是圆楼，待圆心确定后，就用绳子绕圆心画圆并划分开间。然后，根据基础的宽度，画好基槽的灰线，称之为"放线"。放线之后，选择一个良辰吉日，动工挖槽，俗称"开地基"。基槽挖好后，接着垫墙基、砌墙脚，俗称"打石脚"。墙基一般用大块卵石垒砌，并用小块卵石填缝。墙基填好后，再用石砌墙脚。砌筑卵石时，要求石头大头朝内、小头朝外，称为"勾石"，这样，

图3-54 永定县西片村的振福楼
西侧有小溪流过。但其大门朝南。并没有直对溪流。

图 3-55 永定县西片村的振福楼鸟瞰
高 3 层，其溪流流向和土楼轴线没有垂直对应，而是大门朝向溪流流去的方向。

图 3-56 永定县新南村衍香楼鸟瞰
该土楼建于清道光二十二年（1842 年），高 4 层，西侧紧挨溪流，但土楼的大门并没有朝向溪流，而是偏西南面向溪流流去的方向。

使得墙体不容易从外面撬开。墙基一般用卵石干砌，表面用泥灰勾缝。干砌可以防止毛细血管作用，避免地下水渗透至土墙（图3-57）。

夯土墙是营建土楼中最为关键的一环。石墙脚砌好后，就接着支模板，夯土墙，俗称"行墙"。闽西南的土质多属"红壤"或"砖红壤性土壤"，质地黏重，有较大的韧性，并配以竹筋、杉木枝等，用作土楼的墙骨，起加筋作用。闽南沿海的土楼还常常用"三合土"，即用黄土、石灰和砂子拌合而成。有些土楼甚至会渗入红糖水和秫米浆。这样夯筑的土墙，十分牢固，经过数百年不倒。现存闽西南的土楼，其版筑墙体原来的肌理犹存，但很多土墙有大小不一的裂缝，略显斑驳，体现着岁月的沧桑，朴实粗犷（图3-58）。

土墙的夯筑，有很多技术要领。如在夯实土墙时，由于向阳面和迎风面很快就干燥变硬，而另一面还比较湿软，在墙体巨大的自重作用下，土墙就会倒向后干的一侧。这种现象，被当地俗

图3-57 南靖县坎下村怀远楼外墙
下面是石墙脚，上面是夯土墙。

图3-58 南靖县河坑村阳照楼的土墙
下面是石墙脚，上面是夯土墙。

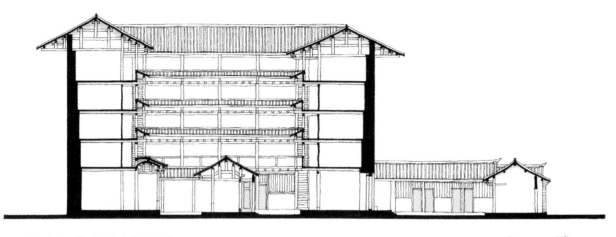

图 3-59 南靖县坎下村和贵楼剖面图
外墙底层厚 1.3 米，往上每层收分 0.1 米。
（引自：《福建土楼建筑》第 293 页）

0    5米

称为"太阳会推墙"。所以，在开始砌墙时就需要有意识地把墙稍稍倾向易干的一面。这之中，分寸的把握，全靠工匠长年累月积累的丰富经验。

土楼的外墙一般厚达 1 ~ 2 米。为了增加稳定性，减轻墙基的负担，外墙下厚上薄。底层的厚度一般是顶层的 1.5 ~ 2 倍。常见的做法是，外皮略有收分，内皮作退台处理（图 3-59）。

每夯好一层高的墙时，木工要竖木柱、架木梁，称之为"献架"（图 3-60）。夯至顶层墙体后，要盖瓦顶，俗称"出水"。土楼的屋顶多为悬山顶，外檐一侧一般出檐极大，可以有效保护土墙免受雨水冲刷，内院一侧则出檐较小。

土楼封顶后，内外装修工作有铺楼板、安栏杆、架楼梯、开窗洞、修石阶、制楼匾等。很多

图 3-60 南靖县河坑村裕昌楼梁架

土楼为了防止雨水和山洪侵蚀，墙外一圈用卵石砌筑，疏通排水（图 3-61）。土楼内外的地面，也多用卵石。这些卵石在风吹日晒和行人磨蹭后，留下了岁月的痕迹，其肌理也颇为可爱(图 3-62)。

　　大型的土楼一般一年修建一层，修好一座土楼，需要三到五年，有的持续的时间更长，甚至达到十几年。

图 3-61　永定县新南村衍香楼外的墙基及其排水设施
闽西南的土楼的外圈一般有石砌的水渠。

图 3-62　南靖县璞山村和贵楼铺地
闽西南土楼的院落内的铺地多用这种鹅卵石。

## 匾额楹联

土楼都有一个十分雅致的名字。人们在日常生活中不称某某宅，而称某某楼。楼名大多取吉祥如意的词语，体现百姓的向往和追求，或表达对后人的期望。如华安县的二宜楼，取"宜山宜水、宜家宜室"之意（图3-63）。有的楼名也表示土楼的特点，如永定县湖坑村的如升楼，取意该楼直径很小，犹如米升。很多楹联内容多体现"耕读文化"。这很好理解，读书和种田这两件事情，是传统社会最崇高神圣的。

楼名常与楹联配合起来，作为家训，激励族人奋进向上。很多土楼楼名以藏头嵌字联，进一步诠释楼名。永定县洪坑村的振成楼，其大门两侧的楹联为："振纲立纪，成德达才"，告诫后人只有有纲有纪，才能成为德才兼备的人（图3-64）。永定县洪坑村的奎聚楼，其大门两侧的楹联为："奎星朗照文明盛，聚族于斯气象新"，为清代翰林巫宜福撰写（图3-65）。

图 3-64 永定县洪坑村的振成楼楹联

图 3-63 华安县大地村二宜楼楼名匾额

图 3-65 永定县洪坑村的奎聚楼楹联

图 3-66 南靖县坎下村的怀远楼楹联

图 3-67 永定县高北村的承启楼楹联

南靖县坎下村的怀远楼，其两侧有书楹联："怀以德敦以仁籍此修养遵祖训，远而山近而水凭兹灵秀育人文"。"怀以德"来自《论语·里仁》："子曰：'君子怀德，小人怀土'"。"敦以仁"来自《周易正义》："言万物之性，皆欲安静于土，敦厚于仁"。"远而山近而水"来自北宋诗人苏舜钦《过苏州》："绿杨白鹭俱自得，近山远水皆有情"。上联意指凭借道德仁义，遵循祖先训示，修身齐家；下联主要赞美山环水绕的自然环境，并强调依凭山水之灵气，培育深厚之文化（图 3-66）。

永定县高北村的承启楼，大门两侧有楹联："承前祖德勤和俭，启后孙谋读与耕"。这里把民众所崇尚的美德"勤劳"、"节俭"以及希望子孙继承的事业"耕田"、"读书"都写在大门联上，希冀子孙后代遵照这个祖训耕读传家，走人间正道（图 3-67）。

# 第四章

## 山水吊脚举鼓楼，黔东南古侗寨

"侗寨"即侗族村寨的简称，分布于中国的贵州、广西、湖南等省份。2013年1月，联合国教科文组织世界遗产委员会（UNESCO World Heritage Committee）将22个侗族村寨列入世界遗产"预备名单（Tentative Lists）"，其中以贵州的黔东南苗族侗族自治州（以下简称"黔东南"）分布最为集中。

### 侗寨溯源

侗族的先祖可追溯至先秦时期的百越族群，主要分布于珠江流域和长江中下游地区，是楚越文化活跃的区域。秦汉之后民族融合加强，百越族群演化成为侗族、水族、布依族等民族。唐宋以来，侗族逐渐成为独立的单一民族，其民族文化完成重要的整合。元代的土司制度和明代的"改土归流"客观上促进了侗汉文化的融合，而屯田政策进一步加速了社会组织和文化的转变。明初设贵州承宣布政使司，侗族主要分布于黎平府、思州府、镇远府一带（图4-1）。此外，清末有部分侗族迁居于鄂西一带。根据2010年第六次全国人口普查的数据，侗族总人口约为288万人[①]，主要分布于贵州、湖南、广西三省份交界的区域。

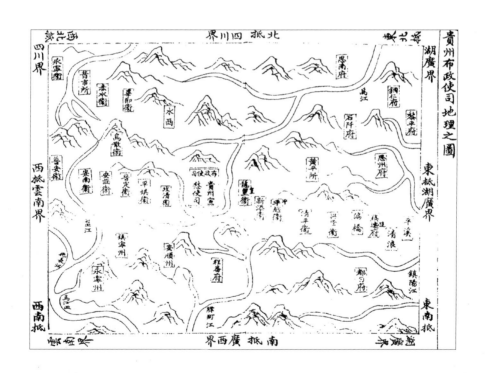

图4-1 明弘治《贵州图经新志》中的贵州布政使司地理之图

---

① 国务院人口普查办公室，国家统计局人口和就业统计司，中国2010年人口普查资料 [M]．北京：中国统计出版社，2012．

图4-2 贵州省黎平县堂安村

图4-3 贵州省从江县梯田
贵州有"八分山、一分水、一分田"之称，山地聚落的营造成为侗寨须应对的重要问题。寨民对地形进行改造，将山地转化为梯田，以便进行农垦稻作。

黔东南是侗族聚居的主要地区之一，在黎平县、从江县、榕江县等地分布有大量侗族村寨。侗族的分布呈现总体聚居、局部杂居的特点。其人口聚集相对集中，贵州的侗族占到约50%，其中黔东南约有101万侗族人口，占总人数的35%。

侗族曾长期居于山野中，被称为"峒民"，在方志中亦称作"洞人"，是现今侗族称谓的由来。在侗语中，侗族人自称为"Gaeml"，称"村寨"为"senlxaih"。村的空间范围略大，往往包括若干个寨。[①]村寨的流变体现了社会经济的发展，过去的村演变成了"行政村"，而寨还得以保留，

鼓楼、风雨桥、农田、河道等大都依照寨分布，"寨老"依然由村寨中德高望重的长者担当，在日常生活和精神信仰两方面影响着众多寨民(图4-2)。

## 山水寨情

黔东南位于云贵高原东部的山地区域，山峦起伏、沟壑纵横，境内多河流，主要干流有清水江、舞阳河、都柳江，分属长江水系和珠江水系。村寨所在处植被茂密、苍翠荫翳，是冷暖气流交汇之地，气候温和、湿润多雨、适于稻作。山地之间有相对平坦的谷地，并有溪水流经，即"坝子"。

图4-4 贵州省从江县银潭村下寨

---

① 吴浩. 中国侗族村寨文化 [M] . 北京：民族出版社，2004：2.

图 4-5 贵州省黎平县肇兴镇侗寨

图 4-7 寨中用水处
侗寨多沿溪水营建。为保护水源，寨民沿水流高低分段使用，根据洁净程度分别用于饮用、洗涤和浇灌。

黔东南侗族村寨分布广泛，在山脊、山麓、坝子等处均可见。村寨多依水而建，村寨周边植有杉树、竹林、樟树、枫树，村寨内部有鱼塘。

侗族村寨和山水环境紧密相连，村寨选址反映了军事防御和生产生活的多重需求（图4-3～图4-7）。山地是村寨对外的天然屏障，并可以被改造为梯田，用于稻作耕种。溪水流经村寨，既是日常生活用水的来源，亦有助于对外防御。河上建有风雨桥，和鼓楼一同构成村寨的标志性构筑物。

## 多元寨形

侗族村寨因其特有的民族文化和历史沿革，在空间格局方面表现为内聚、身份认同、防御等特点。鼓楼及其周边空地是村寨的中心，其他居住建筑的高度不能超过鼓楼，在村寨的任何一处都可以看到鼓楼，其形制最高，装饰最为华丽。侗族聚族而居，其空间格局和社会结构相契合，

图 4-6 贵州省榕江县大利村
溪流穿寨而过。

以寨门、风雨桥限定边界，以鼓楼作为中心，形成具有强烈秩序感的内向型空间格局。

村寨根据其空间形态，可大致分为三类，即带状村寨、团状村寨、散点式村寨。其中，带状村寨又因其选址可分为沿河带状形态和坡地带状形态两类。从江县往洞乡的增冲村是典型的团状村寨，全村分为20余个小寨，共有200余户（图4-8、图4-9）。"增冲"原称为"正通"，意为"通扫地方的富足之地"。村寨先民于明代隆庆年间

图4-9 贵州省从江县增冲村团状村寨

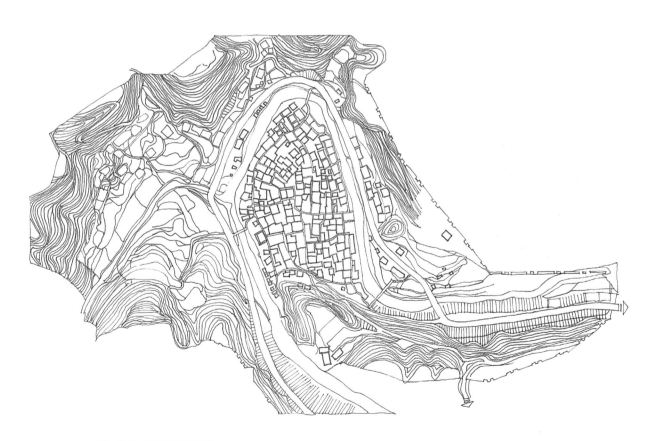

图4-8 贵州省从江县增冲村平面示意图

图 4-10 贵州省从江县秧里村

图 4-11 贵州省从江县高仟村

从黎平县迁居至此。村寨的南、西、北三面环水，在东北、东南、西北三处建有风雨桥，祖母堂和戏台位于西南隅，鼓楼位于村寨中心偏南的位置，萨坛和戏台位于鼓楼西南侧。秧里村则属于带状村寨，两座鼓楼相距较近，民居沿地形等高线布置，居于两侧山体之间的平地，稻田位于地势较高处（图 4-10）。高仟村本属于散点布局，三座鼓楼呈掎角之势，由于各寨子规模不断拓展，现如今已经融为一体（图 4-11）。

侗族注重集体生活，邻近村寨之间交往频繁、

图 4-12 贵州省黎平县肇兴镇

合作密切、相互融合，在村寨形态方面呈现为多中心的整体群落。黎平县肇兴侗寨是镇政府所在地，人口较多，村寨规模大。侗寨位于山间低地，村寨占地约 18 公顷，包括肇兴村、肇兴中寨村、肇兴上寨村，共有居民 860 余户。村寨整体呈带状，沿溪水呈线型分布。肇兴寨村虽然都为路姓，但又分为五个"内姓"，各自独立聚居，根据"五常"命名，即仁、义、礼、智、信"五团"。各自建造有独立的公共建筑，故而有五座风雨桥、五座鼓楼、五座戏台。溪流穿村而过，将五个寨子连接为一个整体，风雨桥沿溪而设，鼓楼与戏台散布于两侧，形成收放有致的空间序列（图 4-12）。

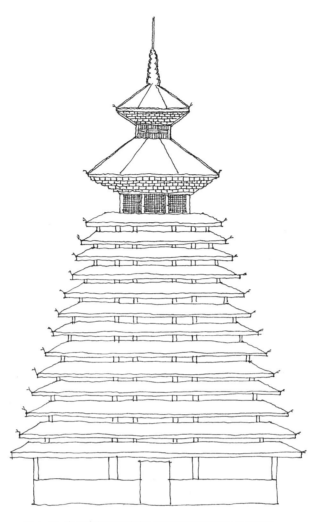

图4-13 贵州省从江县高仟村中的宰养寨鼓楼立面图示

## 寨心鼓楼

侗族村寨的公共建筑具有连接内外、祭祀聚会的功能，包括寨门、风雨桥、鼓楼、萨坛、戏台等类型。不同类型的公共建筑其形态、功能各有不同，和居住建筑一起构成侗族村寨的生活空间。

鼓楼是侗族村寨中最为重要的公共建筑，往往位于村寨的中心位置，为多角密檐木塔。鼓楼及其周边区域是村寨的生活中心，其功能包括议事集会、调解纠纷、休憩娱乐、迎接宾客、传播信息等，是村寨物质空间与社会文化的双重中心。鼓楼底层架空，中心位置设有火塘，村寨中的老人常常聚集于此，一边烤火取暖，一边聊天，有时还在鼓楼外侧对弈。另一方面，鼓楼是最重要的礼仪空间，村寨中若有建房、娶亲、迎宾等重要活动，村中少男少女会穿着盛装集合于鼓楼中，在歌师的指挥下高歌起舞（图4-13）。

鼓楼的形式是将塔、阁、亭等的特点集于一体，以榫栓穿合。鼓楼上悬挂有牛皮大鼓，即"寨鼓"。鼓楼包括独柱和多柱两类，一般采用杉木作为支撑结构，寓意风调雨顺。其形制包括四檐四角、六檐六角、八檐八角等多种类型。[①]鼓楼的建造和族姓相关，一般分姓氏独立建造，因而在大型村寨中，鼓楼的数量反映出族群的数量；而在规模较小的村寨，往往只有一个姓氏、一座鼓楼。侗寨一般按族姓建造鼓楼，每个族姓一座鼓楼，成为侗寨主要的标志。寨中有事商议或节日踩歌堂的时候，便捶响皮鼓，寨中村民都聚在鼓楼大厅，听寨老安排决断。平时鼓楼大厅是休闲的公共场所，中央多有火塘。大利侗寨鼓楼前为小广场，并有代表女神的石堆（图4-14、图4-15）。增冲鼓楼前为水塘，可以防火。鼓楼底层架空，中心设有火塘，天气阴冷的时候，村寨

图4-14 贵州省榕江县大利村鼓楼

① 杨筑慧. 侗族风俗志 [M]. 北京：中央民族大学出版社，2006：40.

图 4-15 贵州省榕江县大利村萨坛

图 4-17 贵州省从江县高仟村中的宰养寨鼓楼内部木作构造

图 4-16 贵州省从江县高仟村中的宰养寨鼓楼

图 4-18 贵州省从江县银潭村下寨双鼓楼

中的老人乐于围塘而坐。

　　每个侗寨的鼓楼数量有多有少，如增冲村、述洞村、堂安村、大利村等只有 1 座鼓楼；最多的可达 5 座以上，例如肇兴侗寨建有仁、义、礼、智、信 5 座，黄岗寨亦有 5 座；再如银潭村下寨、秧里村等建有 2 座鼓楼（图 4-16 ～图 4-25）。其中，增冲鼓楼始建于清康熙十一年（1672 年），为五层十三檐八角攒尖木塔，采用重檐瓦顶，木构架净高约 17 米，通高 20 余米。屋顶为双葫芦宝塔顶，陶瓷宝珠尖顶挺拔宏伟。

图 4-19　贵州省从江县银潭村下寨鼓楼

图 4-20 贵州省从江县增冲村鼓楼

图 4-21 贵州省黎平县堂安村鼓楼及萨坛

图4-22 贵州省黎平县肇兴镇智团鼓楼

图4-23 贵州省黎平县肇兴镇义团鼓楼尖顶

图4-24 贵州省黎平县肇兴镇鼓楼内火塘

图4-25 贵州省黎平县黄岗村鼓楼内部构造

## 风雨廊桥

风雨桥亦称"廊桥"，顾名思义，是将廊与桥这两种建筑形式合二为一。檐下额枋内外常施有彩绘，桥顶飞檐翘角、雕龙画凤，装饰精美。风雨桥的桥体类型多样，包括石构、木构、砖构，跨溪而建，桥上建木构长廊，多为重檐屋顶，以桥体中心为轴线呈对称布局。

风雨桥有多种功能。其一，可以连接村寨主体和外部环境，帮助寨民免受涉水之辛劳；其二，桥体跨水而建，连接两端山麓，使得村寨两侧的山形成一个整体，增强了村寨的防御性；其三，

风雨桥建有亭阁，可以遮风避雨；其四，风雨桥是重要的信仰和仪式空间，桥体多位于村寨入口或者鼓楼旁侧，有时亦会结合祠庙共同建造，是迎来送往、集体聚会、敬神拜祖的场所。

风雨桥因位置不同，可以分为两类，一类建于村寨内部，亦称"花桥"，和鼓楼、戏台相距较近，共同构成村寨中心处的公共空间；另一类建于村寨外部，往往位于寨门之外，多跨水而建，成为村寨出入口处的标志性建筑。

第一类风雨桥以肇兴侗寨最为典型，寨内建

图 4-26 贵州省从江县增冲村的风雨桥

图 4-27 贵州省黎平县堂安村的风雨桥

有五座花桥，沿村寨内部的溪水错落布置，连接"水街"两侧的住户，并成为"水街"线性空间上的重要节点。第二类风雨桥在从江县的高仟侗寨、银潭下寨、黎平县的堂安侗寨等均有。其中，高仟侗寨的风雨桥位于宰俄村（高仟下寨）北侧约500米处，1座为石拱桥，溪流从中部拱洞穿过，顶部建有3座"亭"，木柱与栏杆直接落于石基之上。在桥的东南端建有菩萨庙，为附近村寨求子祈福之处，成为村口处的公共空间。

增冲村共有3座风雨桥，分别位于村寨南端、西北、东北。3座桥形式均不相同，南端风雨桥形态简洁，全长7个开间，双坡屋面；西北和东北两座桥装折较为华丽，桥顶中心建有四角攒尖，上有葫芦宝顶。高仟村的风雨桥不仅是村寨内外的连接，还和山形水势相关，往往结合地势共同构成"龙形"，满足了先人对于构建完整空间环境的诉求。

黔东南古侗寨的风雨桥亦在持续地修缮更新，而且随着村落规模拓展，有的村寨会再新建风雨廊桥。总体而言，该地域的廊桥装折朴素、形制严谨，不同于毗邻的桂北三江地区的华丽风格（图 4-26 ～图 4-29）。

图 4-28 贵州省黎平县肇兴镇中的仁团鼓楼和风雨桥

图 4-29 广西壮族自治区三江县程阳村的风雨桥

## 顺生营建

黔东南侗寨在山地中选址营建，因地制宜、就地取材成为村寨营造拓展的基本原则。寨民们先于建造民居和公共建筑，采用地方石材修筑道路和护坡，筑成村寨的"基础"，为日常生活提供了基本保障（图4-30）。

侗族传统民居多以单体作为基本单元，与北方民居相较，朝向和日照已然不是权重最高的影响因素，居所和邻近建筑的位置关系成为聚落由民居营造的关键。侗族村寨中的建筑多用杉木建造，建筑高度以二至三层为主，其中建造于水岸、山地上的房屋多采用吊脚楼形式，也有少量采用合院布局的，例如大利村的杨氏宅院（图4-31、图4-32）。

吊脚楼是山地传统民居常用的建造形式，亦称"干阑式"，不同地域和民居的吊脚楼各有特点。

首先，侗族吊脚楼多在二层悬挑外廊，一般为四面廊，也有单面廊的，并设有栏杆或护栏板。其次，侗族吊脚楼的主要起居空间一般位于二层，分设敞厅与内室，前者采光较好，可以进行劳作，后者置有火塘，兼顾做饭与敬祖的功能。首层作为辅助空间，用于饲养猪、牛等牲畜。在竖向连接方面，侗族民居的右侧通过楼梯与二层相连，环状的挑廊作为二层主要的交通空间，联系二层各房间。不过随着时代发展，侗族吊脚楼已逐渐将饲养功能迁移至村寨外围，将圈棚集中安置，有时还与禾仓结合在一起，而吊脚楼建筑单体转化为较纯粹的生活起居场所（图4-33～图4-35）。

从建造方面来讲，侗族吊脚楼的用料相对拙实。吊脚楼多为木穿斗结构，中柱落地，在进深方向上榀架结构多为前后对称。此外，侗族吊

图4-30 贵州省黎平县堂安村的石砌道路和护坡

图4-32 贵州省榕江县大利村杨氏宅院内部

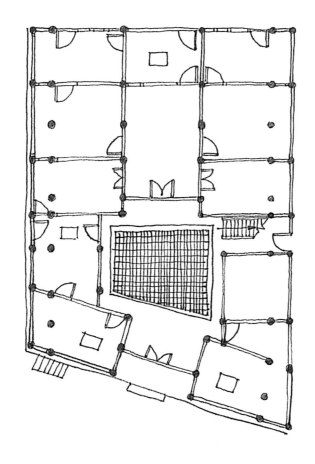

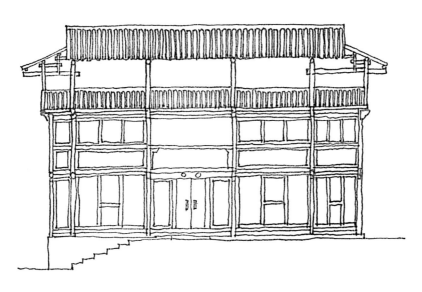

图 4-31 贵州省榕江县大利村杨氏宅院平面与正立面示意

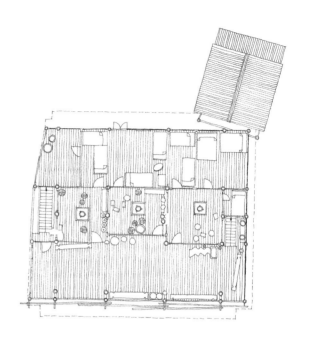

图 4-33 侗族吊脚楼平面与剖面示意
（改绘自：《贵州民居》第 108 页）

图 4-34 贵州省黎平县肇兴镇的吊脚楼

图 4-35 贵州省榕江县大利村的民居

脚楼除中柱落地外，还会在枋上假设垂柱，这与苗族吊脚楼柱脚全部落地的做法不同（图4-36、图4-37）。

鼓楼、花桥是装饰的主要载体，在其檐口上常绘有反映侗族历史文化的故事，例如侗族斗牛、迎亲送礼、英雄陆大汉等，用色鲜艳、线条拙朴，常用翠绿、湖蓝、朱红等色彩（图4-38～图4-42）。侗族以鱼作为主要的纹样图案。

图 4-37 贵州省黎平县堂安村正在修建的新屋

图 4-36 建造中的侗族民居

图 4-38 贵州省从江县高仟村的鼓楼彩绘（1）

图 4-39 贵州省从江县高仟村的鼓楼彩绘（2）

图 4-41 贵州省黎平县肇兴镇的仁团风雨桥彩绘（2）

图 4-40 贵州省黎平县肇兴镇的仁团风雨桥彩绘（1）

图 4-42 贵州省黎平县堂安村的鼓楼装饰

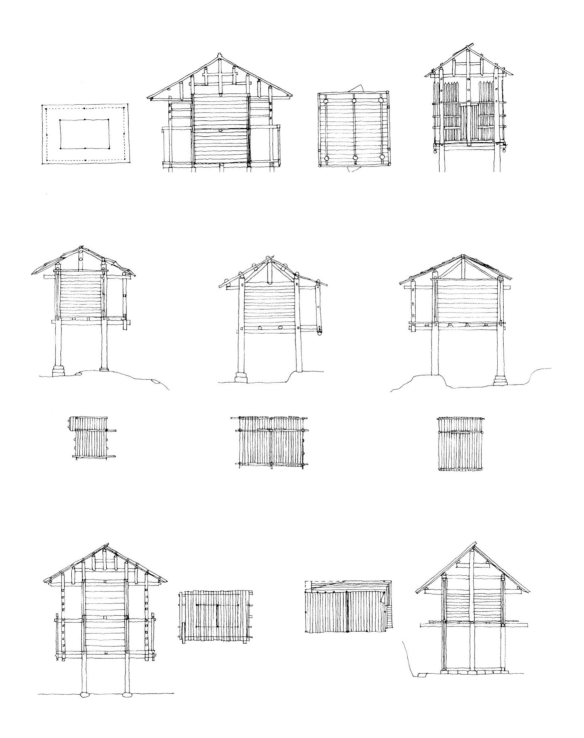

图 4-43 常见禾仓图示

（改绘自：《贵州民居》第 126 页）

## 殷实禾仓

图 4-44 贵州省黎平县黄岗村中的禾仓

图 4-45 贵州省榕江县大利村中的禾晾

侗族以农业为主，村寨中建有晾晒与储存粮食所用的禾晾和禾仓。"禾晾"顾名思义，即晾晒禾谷之处；"禾仓"则是存储禾谷之仓库。禾晾与禾仓形式多样，既有独立式禾晾，由竖杆、横杆和斜撑组成；亦有组合式禾晾，与禾仓合为一体，有的在禾仓外围，有的在禾仓顶部（图4-43）。

较早的禾晾、禾仓距离各户住宅较近，在每家的民居旁边。由于粮食易引发火情，后来村寨多将禾晾设置于村寨外侧，邻近入口处，且集中布置，呈现出"分区"的规划理念（图4-44～图4-47）。例如银潭村下寨的禾晾与禾仓，集中布置于村寨的西侧，以风雨桥为边界。禾晾与禾仓之间为村寨的主要道路，二者分置道路两侧。

传统村落和民居是动态发展的，功能分布与建造方式亦在不断变化。在高仟村，会发现曾经的首层饲养、二层居住、阁楼储藏的民居空间格局已然发生了变化，在村寨整体规划层面，禾仓与禾晾不再邻近住宅，而是于村寨外围集中设置，猪圈、马厩置于禾仓首层，各种功能的用房分区布置，往往位于村寨外围，邻近寨门，民居围绕鼓楼布置，居于村寨中心。

图 4-46 贵州省从江县银潭村下寨西侧的禾仓

图 4-47 贵州省黎平县黄岗村集中布置的禾仓群落

## 声乐达观

侗寨中最不缺少的就是鲜活的人居场景，走进寨民的日常生活中，映入眼帘的有街边的长桌宴、穿戴华丽的男女孩童、围火塘休憩的老者，空气中弥散着乐观豁达的气息。侗族对于生活的热情，以及朴实无华的表达让人动容。许多村寨地处深山，多年来没有公路，唯有依靠人力步行出入。即便如此，寨民们也没有放弃自己的居所，而是兢兢业业耕耘、踏踏实实生活。侗寨人民热情好客，只要有外来游客，立刻让大家融入其中，共同用餐，内外之别顷刻消散。

侗族人具有很强的集体意识，各种活动均由全寨人集体出力完成。例如，集体联谊的月贺，庆祝新生儿降生的"三朝"席，以及竖屋建房，本寨和邻寨的亲戚好友都会前来参加，并带上贺礼（图4-48、图4-49）。

豁达的人生观与集体生活方式体现于日常的礼仪习俗。侗族融合了地域传统和外来汉族的影响，形成了丰富多元的节庆习俗。从农历正月至腊月，几乎每个月都有节日庆典（表4-1）。虽然时代不断演进，但是过去生活的痕迹并没有消失，而是牢牢地印刻在村寨的土地之上。

图4-48 贵州省黎平县肇兴镇智团的竖新房开支公示

图4-49 贵州省从江县高仟村，邻近寨民穿过风雨桥送来贺礼

侗族主要节庆表 4-1

| 序号 | 节庆名称 | 侗语 | 时间 |
| --- | --- | --- | --- |
| 1 | 月贺 | man we qˈek | 农历正月 |
| 2 | 架桥节 | man ja jiu | 农历二月初二 |
| 3 | 抢花炮 | man peuhua | 农历三月初三 |
| 4 | 净牛节 | man apsurn | 农历四月初八 |
| 5 | 端午节 | janduonwu | 农历五月初五 |
| 6 | 斗牛节 | man guedao | 农历亥日 |
| 7 | 吃新节 | janqoumhay | 农历七月十五日 |
| 8 | 盟款节 | man qapkuon | 农历八月初八 |
| 9 | 重阳节 | man cong yang | 农历九月初九 |
| 10 | 新婚节 | — | 十月的第一个卯日 |
| 11 | 春节 | man nyin | 农历腊月三十日和正月初一 |

声乐和侗族寨民相生相伴，所谓"饭养身、歌养心"。侗族古歌唱到"头在古州、尾在柳州"，记述了因生活窘迫而被迫迁徙的族群历史。[①]寨民历经艰辛，得以在现今的住所长居，将磨砺转化为对美好生活的期盼，一边勤苦劳作，一边吟歌奏乐。根据《贵州图经新志》(明弘治刻本)记载，侗族"婚嫁则男女聚饮歌唱"，"暇则吹芦笙、木叶，弹琵琶、二弦琴"。[②]声乐成为侗族人一生的习惯，孩童从小跟随年长的"歌师"练习，歌声和乐声代代传习、萦绕不绝。

侗族的歌曲包括合唱、独唱、伴奏、无伴奏等多种类型，最为著名的是无伴奏、无指挥的多声部"侗族大歌"。侗族大歌、琵琶歌、侗戏、玉屏箫笛制作技艺等均列入首批国家级非物质文化遗产名录（图 4-50 ~ 图 4-53）。

侗族大歌在黔东南的榕江县、从江县、黎平县以及广西的柳州、三江县等区域被广泛传唱。出生于黎平肇兴的陆大用被称为"歌圣"，他将轶事传说和传统文化融入歌曲之中，并对编曲和唱词进行钻研，扩大了侗歌的传唱度与

---

① 龙超云主编. 山外青山楼外楼：黔湘桂侗族建筑 [M]. 贵阳：贵州出版集团，2011：12.

② (明) 沈庠修，赵瓚纂. 贵州图经新志 (明弘治刻本) [M]. 贵州省图书馆影写晒印本.

图 4-50 贵州省从江县高仟村的侗族大歌

图 4-51 唱歌班围火塘而立、载歌载舞

图 4-52 凝神的歌者

图 4-53 吹芦笙

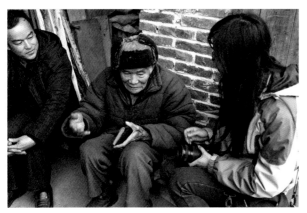

图 4–54 贵州省黎平县黄岗村寨老

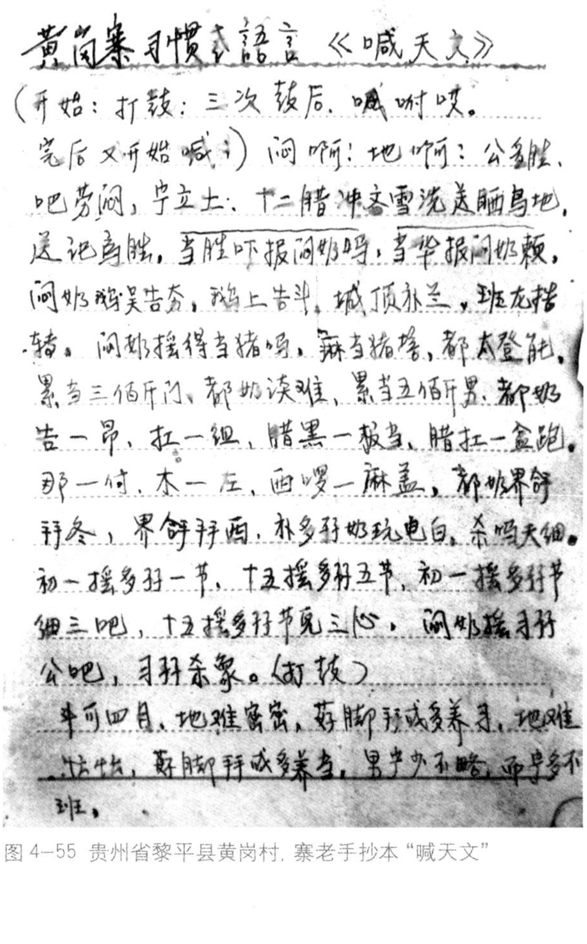

黄岗寨习惯语言《喊天文》
（开始：打鼓：三次鼓后，喊啲哎。完后又开始喊！）问啊！地啊！公多胜、吧劳闷，宁立土、十二腊冲交雪洗美晒鸟地，送记鸟胜，当胜吓报阿奶吗，当华报阿奶赖，阿奶辫吴告夯，辫上告斗，城顶补兰，班龙拮转。阿奶摇得当猪啰，麻当猪嗒，都太登能，累当三佰斤门，都奶读难，累当五佰斤男，都奶告一昂，扛一绳，腊黑一板当，腊扛一盒跑。那一付，木一左，西啰一麻盖，都奶界舒抒冬，界舒抒西，补多孖奶玩电白，杀鸣夫细。初一摇多孖一节，十五摇多孖五节，初一摇多孖节细三吧，十五摇多孖节览三心，阿奶摇孖孖公吧，孖孖杀象。（打鼓）
半可四月，地难密密，萨脚抒戒多养孖，地难怯怯，萨脚抒戒多养当，男宁少不略，而宁多不班。

图 4–55 贵州省黎平县黄岗村，寨老手抄本“喊天文”

影响力。[1]笔者在从江县高仟村调查时适逢中午，同村民们一起在侗家吃饭，一群侗族女孩、男孩围上前来，头戴华丽的头饰，腿上打着绑腿，上身着银饰挂件，两两牵手，一边微笑，一边唱出动人的旋律。侗族大歌都是即兴而唱，根据客人的身份、特征哼出唱词，比如客人是大学教师，则唱词为“博学多才”；若个头较高，则唱词为“身形高大”。大家都是普通寨民，客人来时着盛装，敬以最为隆重的仪式。大歌分为五个声部，根据起调小姑娘随机产生，起调可高可低，并无定式。其实在午饭敬酒唱歌之前，她们已经在宰养鼓楼中起舞高歌，为寨中亲朋起舞造势庆祝。

如果说侗歌和芦笙凝聚了寨民日常生活的热情，喊天节则是村寨虔诚敬天的缩影。喊天节曾经广泛流行于侗寨之中，然而目前仅在黎平县黄岗寨等少数区域得到了沿袭。喊天节每逢农历六月十五日进行，恰好是雨季来临之前。寨老和其学徒二人配合进行，在鼓楼前的广场上搭有木架，二人居于架子之上，一人念词，另一人喊唱（图 4–54 ~ 图 4–56）。希望通过喊唱的虔诚之心打动地上龙王与天上雷公，为侗寨降雨。

除歌舞之外，侗族在农闲时还会举行斗牛、抢花炮、月贺等民俗活动。其中，斗牛的影响范围最大。多在冬春的亥日举行，远近的寨民一路奔波聚集于专设的“斗牛塘”，可以达到三四万人的斗牛盛会，电视台进行实况播放。寨民非常

① 龙超云主编．山外青山楼外楼：黔湘桂侗族建筑 [M]．贵阳：贵州出版集团，2011：92.

看重斗牛活动，为了获胜不惜到远方的浙江购买水牛，周边的寨民不远千里前来观看，甚至远在广西的人也会如期而至。一头斗牛的价格可达到十万元之多，远高出黄牛、肉牛的价格。为了组织比赛，还专门成立了斗牛协会，而且会在各个村寨张贴告示，邀请大家前去观战。民间还编纂有斗牛文辞，有云：

"腊月中冬也不忙，正是农闲好时光。
冬季天寒遍地霜，酒后休闲聊牛王。

民间斗牛兴致强，斗牛娱乐永弘扬。
各村各寨把牛买，看谁买得本领强。
11月初九又逢亥，牛王比赛巨洞塘。
都是牛王名声在，欢迎您到巨洞塘。"

达观适宜的生活态度和顺生而建的村寨环境相契合，共同体现了黔东南侗寨人民豁达的生活态度，以及适应自然的生存能力。千百年来，寨民们勤苦耕作，知足而乐，在这片山水环境中开辟出了独特的乐土家园。

图4-56 喊天节在村落中心广场进行
广场中心搭有木架，面对戏台与鼓楼。

# 第五章

## 雷公山头吊脚楼，黔东南古苗寨

在贵州省黔东南州的雷公山地区，分布着大量苗族村寨。苗族广泛地分布在中国西南地区，黔东南州的苗族属于其中部方言区。由于历史上多战乱，聚居的地区又多为山区，苗族村寨较多地选址于高山，以获得开阔的视野，并将相对平缓的坡地用于耕种。村寨形态自由，但大多都有寨门、铜鼓坪等结构性要素。为了应对坡地地形，苗族灵活应用穿斗式的木构架，发展出了吊脚楼这种住宅形式，形成了灵活多样的房屋建筑。

## 暖湿山地

黔东南苗族侗族自治州位于贵州省东南部，与湖南省和广西壮族自治区接壤。这里地处云贵高原向湘桂丘陵盆地过渡的地带，境内山地纵横，峰峦连绵，地形复杂。苗岭山脉大致呈西北—东南走向横亘州境，以海拔2179米的雷公山主峰为最高点[①]，形成了该苗族聚居区以山地为主的地形特点，进而影响到了聚落和建筑的形态。清水江流域的诸多河流则为这一地区的村寨提供了丰富的水源。

州内气候为亚热带季风气候，气候温和，夏无酷暑，冬无严寒，降水充沛，日照时数较短。温暖湿润、水热同季的气候加上肥沃的土壤十分有利于农作物的生长，使得雷公山区的苗族得以发展农业生产，繁衍生息。同时，州境内的林木资源十分丰富，尤其是杉木、松木等树种，为建造房屋提供了充足的材料（图5-1）。

图5-1 黔东南的山峦与梯田：从江县沙邑村两脚寨及其周边的山峦和梯田

---

① 《黔东南苗族侗族自治州概况》编写组. 黔东南苗族侗族自治州概况 [M]. 贵阳：贵州人民出版社，1986：1-7.

## 九黎之后

苗族是中国的第四大民族，据 2010 年的人口普查，苗族总人口为 9426007 人。

苗族的族源与"九黎"、"三苗"和"南蛮"有密切的关系。黄帝时期，蚩尤所领导的九黎部落被炎黄集团击败后南渡黄河，在尧、舜、禹时期形成了新的部落联盟"三苗"，其中迁徙到长江以南的支系又被称为"南蛮"。这三者中都包含苗族的先民[1]。至今，苗族仍然普遍地将九黎的首领蚩尤视为祖先，《炎徼纪闻》亦有"苗人，古三苗之裔也"[2]的记载。

如今，苗族广泛地分布在贵州、湖南、云南、广西、重庆等地。按照语言差异，苗语可分为湘西、黔东和川黔滇三大方言。其中湘西（东部）方言指的是湘西、黔东北、湖北恩施、重庆一带的苗语；黔东（中部）方言指的是黔东南、广西、湖南靖州和会同，以及贵州安顺、黔西南、黔南部分地区的苗语；川黔滇（西部）方言指的是贵州中部、西部、南部、北部以及川南和云南地区的苗语[3]。

黔东南的苗族属于苗族的中部方言区，是湘西、黔东武陵山"五溪"地区的苗族陆续向西迁徙形成的，尤其以雷公山地区为聚居的腹地。2006 年开始，这一地区台江县、剑河县、榕江县、从江县、雷山县、锦屏县的苗族村寨先后被列入我国世界文化遗产预备名单[4]（图 5-2）。

图 5-2 贵州省剑河县辣子寨的苗族婚礼
在新郎家中举行婚礼宴席后，新郎与新娘的送亲团要把新娘送回娘家，数日之后再返回婆家居住。这样往返数次后，新娘才会正式地长期居住在婆家，成为婆家的一员。

## 苗家住山头

黔东南的苗族在营建村落时，较多地选址于高山陡坡。贵州有民谚曰："高山苗，水侗家，仡佬住在岩旮旯"。这种选址的特征应当由来已久，并且与多方面的原因有关。

一方面，苗族历史上多受战争之苦，选址于深山高坡可以占据良好的瞭望视野，凭险据守，有利于村寨的防御。黔东南州自南宋开始设立土司制度，明永乐年间废土司而设贵州布政使司，清雍正年间又进一步改土归流。由于中央政权统治的不断深入，一些统治措施激发了民族矛

---

① 《苗族简史》编写组．苗族简史 [M]．贵阳：贵州民族出版社，2008：10.
② 田汝成．炎徼纪闻校注 [M]．南宁：广西人民出版社，2007：109.
③ 苗族 [EB/OL]．中华人民共和国中央人民政府门户网站，[2015-01-11].
④ 中国世界文化遗产预备名单 [EB/OL]．国家文物局门户网站，[2015-01-11].

图 5-3 贵州省台江县九摆寨选址

图 5-4 贵州省台江县九摆寨
沿山脊分布的村寨中，往往把房屋建造在陡峭的山脊坡地之上，获得开阔的视野，避开冲沟，同时把山麓较为平缓的土地用于耕种。

盾，明清时期，黔东南苗族因为苛派、屯田等原因而与中央政权形成的冲突频频发生。例如，清廷在黔东南用兵六年，设置了六厅，苗族为反对大量的征粮征税和派夫派马发起了大规模的"雍乾起义"，最后退入雷公山区，被清廷镇压而失败。在这次战争中，烧毁村寨千余个，流离失所者不计其数[①]。在连绵的战乱中，防御性成了苗寨选址一个极其重要的考虑因素。

在中央政权的统治下，平缓肥沃、易于耕种的坝区也多被官府军队或汉族所占据，因此苗族居住在深山陡坡也有被动的因素，因而形成了民谚所说的现象："客家住街头，夷家住水头，苗家住山头。"

图 5-5 贵州省从江县岜沙寨选址
岜沙是一个典型的防御性聚落，村寨居高临下，几个居住组团的房屋均沿山脊由高向低展开。岜沙的男子至今仍然有随身配枪的习俗。

---

① 《苗族简史》编写组. 苗族简史 [M]. 北京：民族出版社，2008：113—119.

图 5-6 贵州省剑河县温泉寨选址

图 5-7 贵州省凯里市季刀寨选址

另一方面，山地中的耕地难得，将村寨建在山顶或陡坡可以最大限度地把相对平缓的坡地或平地用于耕种。此外，将建筑布置在陡坡上、避开沟壑地带，也可以避开山洪等自然灾害的影响。

高山苗寨既要视野开阔、有利于瞭望防守，又要靠近水源和利于耕作的土地、以利生产，同时要兼顾挡风向阳、避开自然灾害的需求，其选址是各方面综合考虑的结果（图5-3～图5-6）。例如，台江县的九摆寨，其核心的大寨主要沿山顶和山脊向下发展，把山间平缓的地块开辟为农田。寨中的老人介绍，九摆寨村民

的祖先是为了躲避战乱徭役和苛捐杂税长途迁徙至此的，其选址就兼顾了防御性和生产生活的需求。从江县的岜沙寨，其大寨是以山脊的道路为核心布局的，村寨建成区以下则是层层叠叠分布于山间的梯田。

在高山村寨之外，也有一些苗寨位于溪边或平坝地区。例如，位于凯里市和雷山县交界处的季刀寨就位于河湾地带的山脚缓坡，巴拉河绕村而过，宽阔的河滩为村民提供了大片可以耕作的土地（图5-7）。雷山县的朗德上寨也同样位于河湾地带的山麓坡地，宜居宜耕（图5-8、图5-9）。

图 5-8 贵州省雷山县朗德上寨选址

图 5-9 贵州省雷山县朗德上寨总平面示意图

（改绘自：《西南民居》第 14 页）

图 5-10 贵州省雷山县西江镇
过去沿河滩分布的农田，随着村寨的发展已经消失，土地被改用于建设房屋。

在这些村寨中，有"鱼住湾，人住滩"的俗语，认为山表人丁、水为财运，靠山厚实则人丁兴旺，流水曲折则财源富足（图5-10）。

## 门·坪·桥·树

黔东南的苗族村寨多依山而建，聚落形态相对自由，聚落中的房屋大多依山就势，顺等高线排列。寨中道路街巷曲折盘绕，主道多垂直于等高线将不同高度的台地连通起来，支路则沿等高线伸展，串联起高程相近的房屋。在看似形态自由的村寨中，存在着一些结构性的要素，它们在村寨的空间组织中起着十分重要的作用（图5-11）。

寨门是苗寨的重要节点。黔东南的苗族村寨大多建有寨门，虽然村寨大多没有实体性的边界，

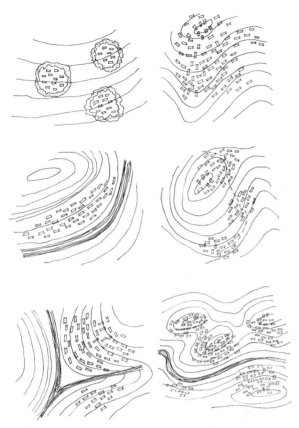

图 5-11 苗族村寨典型布局形式
（改绘自：《干阑式苗居建筑》第 25 页）

图 5-12 贵州省雷山县朗德上寨的寨门

一些寨门甚至没有门板，但寨门作为一个公共性的标志物，是区分村寨"内部"和"外部"的一个重要象征。在迎宾送客时，村民们以寨门作为唱拦门歌、喝拦门酒，或是送别的场所；在一些仪式中，寨门是仪式的行为序列的重要节点。由于寨门的功能主要是象征性的，其形式十分多样，或大或小，或繁或简，不一而足（图 5-12）。

此外，铜鼓坪是苗族村寨中十分重要的核心公共空间。苗族把铜鼓视为神圣之物，每逢吃新节、苗年、鼓藏节等重大节日的时候，全村老幼都要在铜鼓声中一起歌唱、舞蹈，称为"踩铜鼓"，铜鼓坪就是踩铜鼓的场所。铜鼓坪呈圆形，一般用鹅卵石铺地，上面铺的是与铜鼓鼓面一样的放射状的太阳光芒图样，仿佛一面巨大的铜鼓。圆心的位置竖有一根铜鼓柱，上有牛角形的悬杆用来悬挂铜鼓；铜鼓柱同时也是苗族传统竞技项目"踩刀山"的地方（图 5-13）。

苗寨多桥梁。一些近水村寨有风雨桥，这些

图 5-13 贵州省雷山县朗德上寨的铜鼓坪
铜鼓坪中央的铜鼓柱柱身上留有诸多孔洞,到了节庆时间,在铜鼓柱上插上刀子,就是表演苗族传统项目"踩刀山"的地方。

图 5-14 贵州省雷山县朗德上寨的风雨桥

图 5-16 贵州省剑河县辣子寨的桥头土地祠

图 5-15 贵州省台江县反排寨唐家兄弟桥

桥梁是功能性的,用于交通。还有一些桥梁则是为祈求子嗣而修的,带有重要的象征意义。求子而设的桥,一般用三、五、七等单数棵杉木,以相同的方向并为一排架在河沟上,树根朝向户主的方向,桥头设土地祠(图 5-14 ~ 图 5-16)。造桥的杉木以枝叶茂盛、没有断枝的为佳。架桥的人家每年都要祭祀桥和土地祠。民间认为,谁的魂魄走过了这座桥,就会投生为这家的孩子,

图 5-17 贵州省雷山县朗德下寨的景观林

土地祠则可以引诱魂魄来过桥，以此求子①。

黔东南苗寨无不是绿树环绕，这些植被中最有特点的当属景观树。景观树有枫树、杉树、松树等，尤其以枫树最为常见。在苗族古歌中，认为苗人的始祖蝴蝶妈妈，即"妹旁妹留"，是从枫树里生长出来的。黔东南的苗语中，"一棵枫树"同时也有一个祖先、一根支柱的意思②。因而这里的人们把枫树作为祖先的象征，对其特别崇敬，认为供奉枫树能保佑村寨安宁、家人健康、五谷

图 5-18 贵州省台江县九摆寨鼓楼

① 贵州省民族研究所. 贵州省雷山县桥港乡掌披寨苗族社会历史调查资料 [Z]，1965：48.
② 伍新福. 论苗族的宗教信仰和崇拜 [J]. 中南民族学院学报(哲学社会科学版)，1988(2)：21-25.

图5-19 贵州省台江县九摆寨鼓楼铺地

围环绕有16棵柱子。鼓楼位于村寨高处的空地上，是鼓藏节等节日的祭祀场所，也是村民议事和文化娱乐、社会交往的场所（图5-18、图5-19）。

## 吊脚半边楼

黔东南的苗族多以一字形的独栋房屋为居住单元，房屋体量也并不大，这与当地的家庭结构和自然环境有关。一方面，苗族的家庭结构比较简单，家中子女成婚后多单独居住，由幼子与父母居于祖屋，或是父母轮流在各子家中居住，较少有几代同堂的大家庭，不需要太大的居住空间。另一方面，苗族村寨多在山地，较难形成大块平整的屋基，因此也难以形成大体量的房屋或大规模的院落（图5-20）。

从房屋体量上看，正房开间从三开间到七开间不等，尤其以三、四、五开间最为常见。不少房屋会在主体开间一侧或两侧加设偏厦，偏厦面阔较小，可以作为辅助用房或过道，放置织布机、碓子等生产工具，在有限的用地上获得了更多使用空间。苗族房屋的层数多为2层或3层。由于房屋多位于陡坡，第一层要处理房屋与地形的关系，因而形成了独特的"吊脚楼"、"半边楼"形式：房屋的地基分为前后两部分，后半部分的地基与二层楼面同高，前半部分则通过柱子落到地面，形成架空的一层空间。这种"天平地不平"的处理手法，大大减少了在坡地上处理地基的工作量。有的房屋一层的柱子落点仅仅是坡地上狭窄的石块，显得十分险峻。当然，也有一些房屋并不采用吊脚楼的形式（图5-21～图5-25）。

丰登。而伤害或者砍伐这些神树则会带来灾祸。景观树或成林，或单株，分布在寨口、寨后或是村寨中间、房前屋后，繁茂葱茏，是苗寨自然环境中十分重要的组成部分（图5-17）。

鼓楼通常被认为是侗族村寨的标志，但个别苗族村寨中也偶有见到。例如台江县的九摆寨就有一座鼓楼。九摆寨鼓楼确切的始建年代不详，现存的这座鼓楼为清光绪年间重建，1987年被列为台江县文物保护单位并进行了修缮。鼓楼为重檐歇山瓦屋面，鼓楼中央有一棵粗大的中柱，周

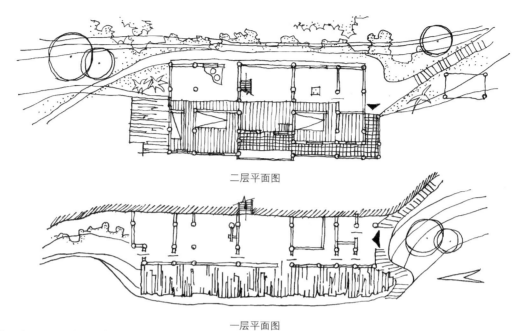

二层平面图

一层平面图

图 5-20 贵州省雷山县苗族民居布局示意图
（改绘自：《干阑式苗居建筑》第 33 页）

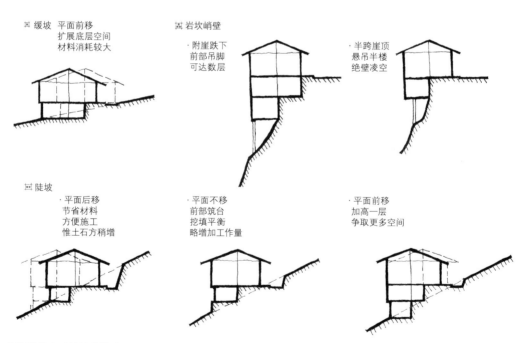

◪ 缓坡　平面前移
　　扩展底层空间
　　材料消耗较大

◪ 岩坎峭壁
　　·附崖跌下
　　前部吊脚
　　可达数层

　　·半跨崖顶
　　悬吊半楼
　　绝壁凌空

◪ 陡坡
　　·平面后移
　　节省材料
　　方便施工
　　惟土石方稍增

　　·平面不移
　　前部筑台
　　挖填平衡
　　略增加工作量

　　·平面前移
　　加高一层
　　争取更多空间

图 5-21 苗族民居应对坡地的策略
位于缓坡的房屋，普遍地利用坡地地形形成房屋错层；而若坡度陡峭，无法完全靠错层处理时，就会将房屋前侧的柱子向下延伸，落到山崖上，以支撑房屋。
（改绘自：《干阑式苗居建筑》第 51 页）

图 5-22 吊脚楼柱脚处理
为了让柱脚的支撑更加稳固，有时会在柱脚垫上石块，增加支撑结构的牢固性。

例如，剑河县屯州村的民居，因当地石材资源丰富，多用石材砌筑成房屋基础，较少使用吊脚的形式；少数富裕的人家，把房屋建成合院的形式；还有一些房屋地处平地，将主体建筑建为首层居住的平房或楼房，将畜圈等辅助用房另行单独设置，这类正房常常将入口明间后退，形成退堂空间（图 5-26、图 5-27）。

从功能上看，房屋一层通常比较低矮，多用于关养猪、牛等牲畜，以木板、栅栏等作为围护，

图 5-23 吊脚楼柱脚处理
在石砌基础中将部分石块突出墙面，来承载柱脚。

图 5-24 贵州省台江县吊脚楼

图 5-25 吊脚楼

图 5-26 贵州省剑河县屯州村苗族民居

图 5-27 贵州省剑河县八朗寨：老人在退堂空间绣花
退堂空间既可遮蔽风雨，又有良好的通风采光，是苗族人重要
的起居活动空间。同时，这一半私密性的场所也是邻里交往的
社交空间。

图 5-28 贵州省雷山县西江寨的美人靠

比较通透开敞；二层和三层比较干燥整洁，当心间的前半间为堂屋，其余房间用于居住；顶层的阁楼则用于储藏粮食、柴禾等，多以活动木梯上下，有的在山墙面开敞以利于通风干燥。二层是最主要的居住空间，入口一般就设在二层侧面或背面。二层的堂屋是家中起居待客的主要空间，也是红白喜事的仪式空间。堂屋正立面通常不设外墙，而是对外开敞，檐口下用于晾晒玉米、辣椒等农作物或衣物，并设有带弯曲栏杆的长凳，称为"美人靠"，成了苗族吊脚楼十分突出的建筑特征（图 5-28、图 5-29）。堂屋的中间设有用石块围合的方形火塘，内置烧火用的三脚架或石块，后墙上设有供奉祖先的神龛；也有的家庭不设神龛，在火塘一角设一块石头作为祖先灵魂的所在；还有的家庭堂屋不设火塘，而将火塘设在次间。在传统生活中，火塘用于烧煮食物、熏制肉类、取暖照明，是房屋中十分重要的空间，如今随着电能的普及和防火意识的加强，一些家庭已不再设置火塘了（图 5-30）。

在主体房屋之外，常常会设有一些附属建筑，如禾晾与粮仓。前者用于晾晒粮食，后者用于储藏粮食。粮仓一般为干阑式，二层存放粮食，底层功能比较自由，有的架空，有的关养牲畜，有的储藏农具杂物；还有的粮仓巧妙地横跨在路面上，底层通行，二层储粮，生动地体现了苗族"占天不占地"的节约用地的思想。禾晾则是在并列的两柱或三柱之间平行地凿出成行的孔洞，穿上横木，用于晾晒。在岜沙苗寨，禾晾上的横梁数目还代表这户人家的人口，如果家中有人过世，家人就会取下下面的第三根禾晾杆去抬死者，认

图 5-29 贵州省雷山县朗德下寨的美人靠

图 5-31 贵州省从江县岜沙寨的粮仓群，一个村寨中的粮仓常常与住宅分开，集中设置在村落边缘，以防火患。

图 5-32 禾晾群

图 5-30 贵州省台江县反排寨的火塘

今天，这样的火塘在黔东南的苗族村寨中已经留存不多。出于防火、卫生等的考虑，大部分人家已经将火塘填平，用电、煤气等能源替代了火塘烹煮食物的功能。

为这是让他去往极乐世界的桥梁。大多数苗寨的粮仓零散地设置在各家房屋附近，也有的苗寨将粮仓与禾晾成片集中设置在居住区外，这样万一居住区因用火不当而引起火灾时，就不会危及粮食的安全，还有的粮仓设在水面之上，以防鼠患（图 5-31、图 5-32）。另外，正房外还会单独设置畜圈、厕所等附属建筑。

## 打柱撑天

黔东南的苗族建筑大多以石材砌筑基础，以木材建造穿斗式构架，墙体为木板或竹编，屋顶多为悬山式和歇山式，上铺青瓦或杉树皮。房屋的营造一般由主人请本村或邻近村落的掌墨师傅主导，由亲朋乡邻协助完成。

房屋的主体结构由排架、横向联系排架的枋木，以及屋顶檩椽构成。

排架一般为干阑或半干阑的穿斗式构架。干阑式的处理方法可以灵活应对地形、节省土地，同时也可以有效地防潮通风。房屋架空的方式有两种，一种是排架的柱子直接落地，而底层不设置围护墙体；另一种是二层及以上的结构形成一个整体，在其之下另设柱子进行支撑。穿斗式的特点是以柱子或瓜柱直接承托檩条，柱子之间有较多的穿枋相联系。这样的构架相较于抬梁式的构架整体性较强，可以使用直径较小的木材建造，

在空间分隔上也比较自由（图5-33）。

排架以步架为基本单位，最常见的形式是八架九檩，通常有五柱落地，四根瓜柱落在穿枋上，故称"五柱四瓜"。根据地形条件和使用需求，排架可以进行变化。例如，增减步架的数量可以形成三柱四瓜、五柱六瓜、七柱六瓜、七柱八瓜等形式，构件的规格可以不发生变化；而增减步架的进深则可以对房屋进深进行小幅调整，结构形式可以不变。这种定型化、模数化的排架形式与榫卯节点相配合，使得房屋的设计十分灵活简便，可以应对不同的地形情况（图5-34）。

排架之间以穿枋相连，就形成了开间。常见的开间尺寸为当心间一丈一尺、一丈二尺，次间一丈、一丈一尺。中柱从底到高的总高常定为一丈六八、一丈七八、一丈八八等为数带八的尺寸。其中层高底层多在六尺左右，居住层堂屋高一丈左右，其他房间高八尺左右[①]。

屋顶形式多为悬山或歇山。屋顶主体的坡度

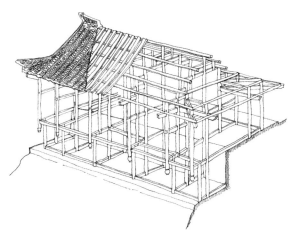

图5-33 吊脚楼木构架剖透视图
（改绘自：《干阑式苗居建筑》第72页）

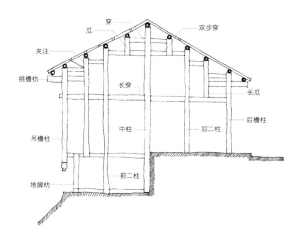

图5-34 干阑式木构架剖面
（改绘自：《干阑式苗居建筑》第72页）

---

① 李先逵. 干阑式苗居建筑 [M]. 北京：中国建筑工业出版社，2005：74.

以 0.5 为基数，有的房屋是从屋脊到屋檐在 0.5 的坡度基础上，将檐柱顶端升高一寸；还有的是从檐口到屋脊，每个步架的坡度依次为 5、5.5、5.8、6[①]。后者的做法非常接近清式的举屋之法，前者则与宋式的折屋之法有些许相似，都是在确定整体坡度后再调整局部节点的高度。除了屋面顺坡方向的折线外，屋脊和檐口的两端会比中间高出少许，歇山屋顶的翼角也会有一些起翘，使整个屋顶形成生动、优美的形态（图 5-35、图 5-36）。

吊脚楼的营造可以分为地基处理、木构架加

图 5-35 贵州省剑河县八朗寨的悬山屋顶

图 5-36 贵州省剑河县辣子寨的悬山屋顶

---

① 李先逵. 干阑式苗居建筑 [M]. 北京：中国建筑工业出版社，2005：75.

图 5-37 石砌基础

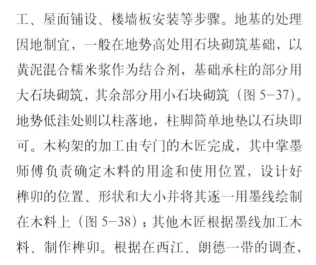

图 5-38 穿斗式构架

工、屋面铺设、楼墙板安装等步骤。地基的处理因地制宜，一般在地势高处用石块砌筑基础，以黄泥混合糯米浆作为结合剂，基础承柱的部分用大石块砌筑，其余部分用小石块砌筑（图 5-37）。地势低洼处则以柱落地，柱脚简单地垫以石块即可。木构架的加工由专门的木匠完成，其中掌墨师傅负责确定木料的用途和使用位置，设计好榫卯的位置、形状和大小并将其逐一用墨线绘制在木料上（图 5-38）；其他木匠根据墨线加工木料、制作榫卯。根据在西江、朗德一带的调查，

一栋三层三开间的吊脚楼，需要使用 24 根木柱、40 ～ 50 根枕木、39 根林子、28 根梁枋、135 根椽子、600 根枋子、600 张木板[①]。加工完木构件后，户主在乡邻的帮助下完成屋架的竖立和拼装，紧接着安装檩子、椽子，铺设瓦片或杉树皮，以保护木构架不受雨淋。屋脊正中的瓦片，常铺设成铜钱状，屋脊两端则处理成起翘的形状。铺设好屋顶后，房屋的主体结构就基本完整和稳固了，接着就开始逐步地安装楼板和墙壁。通常先安装居住层的"家先壁"和楼板、外墙等，接着

---

① 张欣. 苗族吊脚楼传统营造技艺 [M] . 合肥：安徽科学技术出版社， 2013：103.

图 5-39 贵州省雷山县西江寨：建造中的吊脚楼

吊脚楼的建造需要大量人力，通常都在天气相对干燥、农活较少的冬季进行。在西江，新近建造的房屋已不完全是木结构的了。人们通常用钢筋混凝土建造房屋的一层，再在一层之上建造木结构楼房，增加房屋的层数。

图 5-40 贵州省雷山县西江寨：吊脚楼屋面铺设

图 5-41 贵州省雷山县朗德下寨：屋顶脊饰做法

安装三层、一层的楼板和墙壁，安装的顺序与使用的需求相关。条件富裕的人家，还会对房屋进行一定的装饰，例如在吊柱、檐口、门窗等部位进行雕刻等。盖好的房屋每年都要翻盖瓦片，平时进行维护，使用寿命可以达到百年以上（图5-39～图5-41）。

在村寨中，房屋营造不像城市中那样由专业的施工队伍集中时间完成，而是由乡邻互助完成，房屋的营造常常在农闲时节进行，并且与户主的经济状况密切相关。因此，房屋营造的不同阶段常常分散在不同的时间断续进行，整个周期长达数年，有的人家甚至一边居住在房屋中，一边建造未完成的部分。村寨中的房屋营造，不是一项专业化的技术活动，而是与人们的生产生活密切地交织在一起的。

## 营造习俗

房屋营造活动对于黔东南苗族而言，不仅仅是一项技术行为，也包含着丰富的文化内涵，体现出人们对事物的认知和生活的期许。

在房屋选址上，苗族有"坟对山，屋对坳"的说法。初步选定地点后要取一捧土放进准备酿制米酒的糯米中，如果酿出的米酒香甜可口则是一块好屋基，如若不然则不能选为屋基。选好屋基后接着进行备料，其中作为中柱和中梁的树木要特别谨慎地选择，以没有蚁窝、没有断枝、未经雷击、枝干直挺、枝叶茂盛并且结果的树木为佳，很多人都选用被看做神树的枫树来制作中柱。

砍下树木做柱子时，必须树梢朝上、树根朝下，反向使用木材是大忌。备齐木料后，要选一吉日进行发墨仪式。仪式进行当天，由主人准备鲤鱼、公鸡、米饭、米酒、香纸，由掌墨师傅念辞祭祀，把鸡毛和香纸用鸡血贴在用作中柱的木料上。主人和掌墨师傅分执墨线一端弹下第一根墨线，以墨线笔直均匀为吉。发墨后，这根木料要妥善保存，再开始加工其他木料。

木料加工完成后的上梁仪式当属营造过程中最重要的仪式。以西江苗寨为例，上梁前要由掌墨的木匠师傅在正梁中间画一个菱形，菱形中间和四角各钉一个银钱，在梁上用红布包一双筷子、一支笔和一本书。之后，木匠在地上点香烧纸、供奉酒肉，将一只公鸡的鸡冠捏破、点鸡血在中梁之上，念诵上梁辞。上梁辞的大意是，中梁是一棵良木，公鸡是一只神鸡，希望祖先和各路神灵保佑主人家和在场的宾客工匠家中人丁兴旺、富贵荣华。念辞完毕后上梁、抛梁粑。完成上梁仪式后，主人家会摆下长桌宴，款待工匠和宾客。宴席上要由善歌之人和长者带头唱立房歌。歌词大意是，今天是个良辰吉日，父辈为子孙盖起新房，祝福后辈五谷丰登，金银满堂；盖新房时，邀请了掌墨师傅来做工，亲朋好友都来祝贺，祝所有宾客都长寿康乐，富裕兴旺[1]。

在上梁完成后，安装大门时也要挑选良辰吉日，杀一只公鸡烧香祭祀，香纸和鸡毛用鸡血粘在门楣上。房屋的门窗安装完成后还有"踩门槛"的习俗，即请一位父母儿女皆全的人端一碗上置鸡蛋的米来访，祝福户主家中兴旺吉祥。

---

① 吴育标，冯国荣．西江千户苗寨研究 [M]．北京：人民出版社，2014：77-87.

# 第六章

## 高山峡谷起碉楼，川西北藏羌村寨

位于四川阿坝州、甘孜州的藏族与羌族村寨，由于地处险要、历史上多有战乱，因而普遍地建有碉楼，形成了独具特色的碉楼村寨。藏族村寨多位于河谷台地，以分散式的布局为主；羌族村寨则多位于山顶，以集中式布局为主。藏族与羌族都居住在碉房中，除部分羌族建造土碉房外，碉房大多是用石块砌筑的。碉楼的材料、形态、权属与功能都十分多样，但最主要的功能是起瞭望、警戒等防御作用。

## 高山峡谷

藏羌碉楼村寨主要分布在四川省的阿坝藏族羌族自治州和甘孜藏族自治州。其中，阿坝州马尔康县、金川县、汶川县、理县、茂县和甘孜州康定县、丹巴县、道孚县境内的 225 座碉楼和 15 个村寨已列入世界文化遗产预备名单，这 15 个村寨包括汶川县的布瓦羌寨（6 座碉楼）与萝卜羌寨，理县的桃坪羌寨（2 座碉楼），茂县的黑虎羌寨（7 座碉楼），马尔康县的直波村与松岗村，丹巴县的克格依村、呷仁依村、波色龙村、罕额依村、左比村、莫洛村、东风村、共布村和甲居村（151 座碉楼），以及金川县的曾达关碉群、康定县的康定古碉、道孚县的道孚古碉①。

阿坝州地处青藏高原东部与四川盆地西北部（图 6-1）的过渡地带，西北高、东南低，地形复杂。西北部的高原区海拔约 3500 ~ 4000 米，属大陆

图 6-1 川西北高山峡谷纵横的地形

高原性气候。藏羌碉楼村寨大多位于其东南部，属季风气候，境内遍布高山峡谷，干湿季分明、垂直差异明显，河谷最低海拔 780 米，最高峰四姑娘山 6250 米②。

甘孜州地处青藏高原东南边缘，是青藏高原向四川盆地和云贵高原过渡的地带，也是康巴地区的主体。境内多高山峡谷，主要为南北走向，最高峰贡嘎山海拔 7556 米，最低点海拔 1000 米③。藏羌碉楼村寨主要分布在大渡河深谷区。

① 藏羌碉楼与村寨 [J]. 世界遗产，2014(Z1)：95—97.
② 四川省阿坝藏族羌族自治州地方志编纂委员会. 阿坝藏族羌族自治州志 [M]. 北京：民族出版社，1994：1.
③ 《甘孜藏族自治州概况》编写组. 甘孜藏族自治州概况 [M]. 北京：民族出版社，2009：1—3.

总体而言，藏羌碉楼村寨所分布的区域海拔多在 1500 ～ 5000 米，境内有四姑娘山、夹金山等雪山和大渡河、岷江等河流，高山峡谷纵横，气候以季风性气候为主，垂直差异较大。

## 川西北藏羌

四川的藏族碉楼村寨主要位于嘉绒地区。嘉绒藏族主要分布在邛崃山以西金川流域的马尔康县、金川县、小金县、理县、黑水县、汶川县、壤塘县，以及丹巴县、宝兴县、康定县等地。

嘉绒藏族多传说自己的远祖来自拉萨西北的琼部，因人口增多、土地贫瘠而迁徙到四川西北部，逐渐繁衍并覆盖了现在所分布的广大地区。关于嘉绒藏族的古代史料相对匮乏，学界对其早期的族源也尚未达成共识，但一般均认为，嘉绒藏族是吐蕃东进过程中，川西北的"嘉良夷"、"戈

基人"等土著居民与藏族融合而形成的。例如，根据绰斯甲的土司谱系计算，其世系最早迁入该地区的时间大约相当于唐代[1]。

明清以降，尤其是清代，由于土司制度的建立，嘉绒藏族的历史情况相对清晰。嘉绒地区有十八土司之说，均在 18 世纪受过清廷之封号，其中十四土司所辖民众语言相近，又有嘉绒十四土司之称。按照各土司的世系关系，嘉绒藏族可分为两部。一为嘉绒藏族本部，包括梭磨、卓克基（图 6-2、图 6-3）、松岗、党坝土司形成的四土部，绰斯甲、促浸、巴底、巴旺、丹东土司形成的大金部，赞拉、沃日、穆坪土司形成的小金部三个支系。二为嘉绒冲部，包括来苏部、杂谷部、瓦寺部三个支系[2]。

四川的羌族主要聚居在岷江流域的山地地区，多自称"尔玛"。"羌"这一名称在历史上出现很早，甲骨文中就有大量商朝与羌人往来、与

图 6-2 四川省马尔康县西索村：卓克基土司官宅
卓克基土司官宅始建于 1718 年，是由四组碉楼围合形成的合院，院外另有一碉楼与之相连。其正房高五层，坐北朝南，与东楼、西楼间通过木制回廊相互连通。

图 6-3 四川省马尔康县西索村：卓克基土司官宅内院

---

① 西南民族大学西南民族研究院. 川西北藏族羌族社会调查 [M]. 北京：民族出版社，2008：21.
② 西南民族大学西南民族研究院. 川西北藏族羌族社会调查 [M]. 北京：民族出版社，2008：22—23.

羌人发生战争的记载[1]；东汉《说文解字·羊部》中有"羌，西戎牧羊人也"的记载[2]；《史记·六国年表》言："禹兴于西羌。"[3]

根据该地区羌族的史诗《羌戈大战》记载，羌人原来生活在大草原上，后来因为自然灾害和战争而开始迁徙，其中的一支向南迁徙到了热兹（今松潘境内），后来因为与"戈基人"的战争又继续迁徙，分布到了包括今天松潘、茂县、汶川、理县、黑水等地的岷江和部分涪江地区。在迁徙过程中，羌人为了报答用白石变作雪山帮助他们迁徙的神灵，开始供奉白石。从汉代的文献和属地设置来看，岷江流域在汉代时已经有羌族活动了[4]。

三国时期，羌族地区为蜀汉管辖，设有汶山郡及周边五个"围"[5]。晋沿袭了汶山郡的设置，下辖八县，但不同于蜀汉时期的是，西晋时期羌、汉、胡虏之间冲突频繁，东晋对该地区的控制极弱。隋代，朝廷除汶山郡外，势力一度扩张到了梭磨河流域、大小金川等地。唐代，随着吐蕃势力的崛起，羌族地区成为唐与吐蕃长期争夺的地区，羌族地区战乱不断，同时大量地接受了藏族文化的影响。北宋在该地区的行政设置基本上沿袭唐代，设威州、茂州及十余个羁縻州，威州与朝廷关系缓和，而茂州则冲突较多[6]。

元代，羌族地区开始推行土司制度，设有军民安抚使司、军民千户所等。到明代时，土司制度进一步确立，在该地区设置了归茂州卫指挥使司管辖的长宁、静州、岳希、陇木、牟托等土司以及归叠溪守御管辖的郁即土司等。土司管辖之外的羌人，在朝廷的征伐下逐渐成为州县下的编户，如白草羌、草坡羌、黑虎羌等。土司制度推行期间，民族交流频繁，羌族社会经济显著发展。

明末，不少汉族开始迁入羌族地区，带来了汉族的生产技术。17世纪中期，清廷逐步削弱土司力量，实行改土归流，羌族地区逐渐进入了封建地主经济，羌汉交流进一步加强[7]。

## 立寨选址

嘉绒藏族和羌族由于生产生活、宗教信仰上的差异，在村寨选址和格局上有很大的不同。

嘉绒藏族以农业生产为主，信仰藏传佛教和苯教，在村寨选址时会综合考虑地形地貌、生产资源与宗教信仰等方面因素。

首先，川西地区干湿季分明，多泥石流、山体塌方。村寨的选址要避开冲沟等易发生灾害的地方，尽量选择可以获得阳光、地势相对平缓的山坡。

---

[1] 《羌族简史》编写组. 羌族简史 [M]. 北京：民族出版社，2008：7-8.

[2] 许慎. 说文解字 [M]. 长沙：岳麓出版社，2006：78.

[3] 司马迁. 全本史记 [M]. 北京：中国华侨出版社，2011：124.

[4] 《羌族简史》编写组. 羌族简史 [M]. 北京：民族出版社，2008：26-28.

[5] "围"是蜀汉时期的军事机构。

[6] 耿少将. 羌族通史 [M]. 上海：上海人民出版社，2010：149-152，156-158，197-200，208-210，229-245，250-279.

[7] 《羌族简史》编写组. 羌族简史 [M]. 北京：民族出版社，2008：29-50.

图 6-4 大渡河河谷中的藏寨

图 6-5 藏寨的分散布局

其次，日常生活和农业生产都离不开水资源，因此嘉绒藏寨大多靠近河流水源。例如，嘉绒藏族十分集中的丹巴县，其县城就位于几条河流交汇的地带、沿河流分布。顺着这几条河流的方向，河谷两侧分布有大量的藏寨，人们可以从主要河流以及诸多雪山融水中获取水源，用于生产生活（图 6-4、图 6-5）。

由于农业生产的需要，村寨需要充足的耕地来提供食物。嘉绒藏区多高山峡谷，耕地难得，因此村寨中的建筑大多分散布局，不占用良田，

图 6-6 四川省丹巴县中路藏寨：建筑与耕地的关系
村寨中的碉楼与房屋零散地分布在高山台地之上，耕地围绕着房屋，村落之间的界限并不明显。

图 6-7 四川省丹巴县莫洛村：村寨远眺
莫洛藏寨西临大渡河，其所在的丹巴县梭坡乡是羌族聚居区留存碉楼数量最多、分布最集中的区域之一。

图 6-8 四川省丹巴县莫洛村：碉房与碉楼

尽量把适宜耕种的土地都用于农作。每户人家环以若干田地，整个村寨的建筑在山坡中沿着地形错落分布，起伏有致（图6-6）。例如，丹巴县碉楼最为集中的村寨莫洛村，村落的布局就十分松散，并没有明显的聚落边界，二十多座形态各异的古碉散落在村寨所在的河谷山地之中，十分壮观（图6-7、图6-8）。

嘉绒藏族信仰的藏传佛教和苯教中都存在着强烈的神山崇拜。比如阿坝州的墨尔多神山是雍仲本教13座圣山之一，是藏东川西地区雍仲本教重要的大营，雍仲拉项寺就在其脚下。丹巴县的甲居藏寨和中路藏寨的建筑就都面朝神山，进行宗教仪式的时候也朝向神山。

相较于多分布在河谷山地的藏寨，羌寨大多分布在更高的半山或高山的山梁台地上，羌族也因此被称为"云朵上的民族"。而且相对于布局分散的藏寨，羌寨的建筑更加集中。羌寨的选址与格局特点，主要是出于对生产生活条件和防御性的综合考虑而形成的。

首先，河谷地带由于河流纵切、山壁陡峭，因此耕地面积小、日照时间短；羌寨选在高山台地，可以获得相对大片的平缓坡地，在田地比较集中的情况下，建筑也有条件集中布局。台地由于地势较高，日照时间较长，对生活采光取暖和农业生产都更加有利。这类村寨的水源多来自于雪山融水。

其次，羌寨的选址有很强的防御性上的考虑。岷江一带羌族在历史上战争频繁，自吐蕃崛起后长期处于吐蕃与汉族政权的拉锯地带，明清时期又多与中央政权发生冲突，加上资源有限、部落

图6-9　四川省汶川县萝卜寨选址
萝卜寨选址于山顶，集中布局，村寨四周有寨墙围护，具有极高的防御性。村寨之外是大片的田地。

图6-10　四川省汶川县萝卜寨：寨墙

图 6-11 四川省汶川县萝卜寨：集中式布局

间冲突不断，使羌族形成了强烈的防御意识。相对于交通便利的河谷，台地山梁显然在防御性上更具有优势，不容易受到贼寇骚扰，也方便向四周观察瞭望。将村寨中的建筑集中布局，再设置碉楼，也比分散式的村寨更加利于防御外敌。例如，汶川县萝卜寨就位于高山台地上，村外有大片平缓的耕地和林地，村落建筑则集中于高处，四周筑有围墙，具有极好的防御性（图 6-9 ～图 6-11）。

理县的桃坪村也是一个防御性极强的羌族村寨。桃坪村现有三座碉楼，均为石砌。以碉楼为中心，整个村子沿着地形呈扇形分布，形成了八个出口和十三条巷道。建筑群体布局紧密、高低错落，房屋的屋顶之间成片相连。地面的街巷网络和相互连通的屋顶形成了村内复杂的立体交通系统，加上各户建筑之间设置的暗道和过街楼，使村寨具有极强的防御性。同时，紧凑的布局也有效地起到了冬季挡风、夏季遮阳的作用。此外，桃坪村还设有布局精巧的水系。村寨引入溪流，经碾子和磨坊后分为两路，最后从四个出口流出，灌溉农田。水系的上游用于生活取水，下游用于洗涤灌溉，其中有相当一部分是暗渠，流经各家各户，家中打开盖板即可取水（图 6-12 ～图 6-16）。

图 6-12 四川省理县桃坪寨：选址与格局
（改绘自：《中国羌族建筑》第 128 页）

图 6-13 四川省理县桃坪寨：房屋与街巷
密集的房屋与曲折的街巷使得村寨内的交通十分复杂。与居高临下俯瞰村寨的碉楼相
互配合，使村寨具有极高的防御性。

图 6-14 四川省理县桃坪寨：街巷

图 6-15 四川省理县桃坪寨：过街楼

图 6-16 四川省理县桃坪寨：碉房与碉楼

图 6-17 藏族碉房

## 土石碉房

嘉绒藏族和羌族的居住建筑，当地多称之为"碉房"。

藏族的碉房基本上为石碉房（图6-17）。石碉房以墙体承重，墙体用不规则石块加黏土砌筑，从下往上逐步收分。楼面和屋面为密梁平顶式，即在墙上搁一排平梁，梁上密铺檩木，其上再放劈柴、枝条，铺上混有碎石的黄泥拍实，在这个基础上铺上木板就是楼面，铺上略干的黄泥用木棒夯打密实就可以作为屋面。在马尔康一带，有的藏族碉房会在平屋顶上搭一个简易的木构架坡顶，山墙面敞开，用于储存粮食、农具等（图6-18）。

碉房的平面为方整的矩形，首层占地多在百余平方米。建筑内部以石墙划分空间，上下层分隔基本一致，顶端的一层或两层平面局部开放，使建筑整体形成退台式的形态。在功能布局上，一般底层用于关养牲畜；中间层设有主室锅庄，作为客厅，另外布置有厨房、卧室、各类储藏室等；上层为经堂、客房，有些还有喇嘛念经的住房，其中经堂设有壁画、佛龛，装饰华丽；最顶层为屋顶晒坝，沿墙边建有"一"字或"L"、"凹"形平面的半开敞房间，用于临时储存农具。有的家庭在碉房旁建有碉楼，称为家碉（图6-19、图6-20）。

藏族碉房常把墙面刷成白色或者在石墙上绘制万字符、白海螺等图案，窗套刷饰白色、黑色图案，檐口装饰红、白、黑色带，屋顶插有五彩经幡（图6-21、图6-22）。

莫洛村的格鲁甲戈宅是碉房与碉楼相结合的

图6-18 四川省马尔康县西索村：藏族坡顶碉房

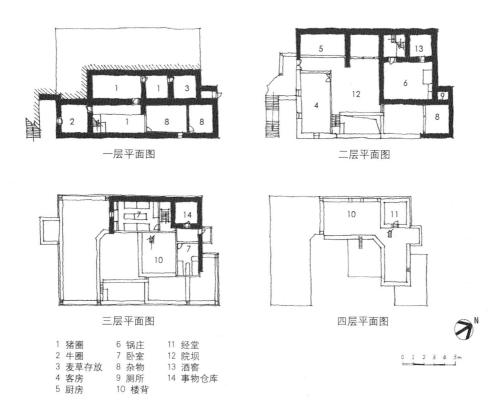

一层平面图　　　　　　　　　　二层平面图

三层平面图　　　　　　　　　　四层平面图

| 1 猪圈 | 6 锅庄 | 11 经堂 |
| 2 牛圈 | 7 卧室 | 12 院坝 |
| 3 麦草存放 | 8 杂物 | 13 酒窖 |
| 4 客房 | 9 厕所 | 14 事物仓库 |
| 5 厨房 | 10 楼背 | |

图 6-19　四川省丹巴县甲居村藏寨碉房平面
(改绘自：《西南民居》第 84 页)

图 6-20　四川省丹巴县甲居村藏寨碉房立面
(改绘自：《西南民居》第 84 页)

图 6-21 藏族碉房装饰
藏族碉房常把墙面刷成白色或者在石墙上绘制万字符、白海螺等图案，窗套刷饰白色、黑色图案，檐口装饰红、白、黑色带，屋顶插有五彩经幡。

图 6-22 藏族碉房装饰

嘉绒藏族民居的典型代表（图6-23～图6-27）。它位于进村道路的交叉口，占地128平方米，5层，高14米；与房相连的四角碉楼高35米。房屋底层牲畜圈，主要空间从二层的碉门进入。二层用石墙划分成田字形平面，分别为主室锅庄、灶房、客房（后改作储藏室）。从锅庄可以进入碉楼，碉楼以密铺的木梁分层，每层留一小口，靠独木梯联系上下。三层为卧室、粮仓，粮仓按照丹巴的传统以木材搭制成井干式的壁体，内部用木板分隔小间存放各类粮食和肉、油等食物。第四层的经堂也是井干式的壁体，里面存有佛龛，上面还依稀可见太阳、月亮、法轮等装饰图案，雕刻和绘画精美生动。经堂外的挑廊是晒架，廊道端部是藏族传统的开敞式高厕所。第五层为宽大的屋顶晒坝和收藏加工用的敞间屋[1]。

羌族的碉房平面近似矩形，以三层与四层最

① 吴正光，陈颖，赵逵等. 西南民居 [M]. 北京：清华大学出版社，2010：69-75.

图6-23 四川省丹巴县莫洛村：格鲁甲戈宅

图6-24 四川省丹巴县莫洛村：格鲁甲戈宅碉楼
内部

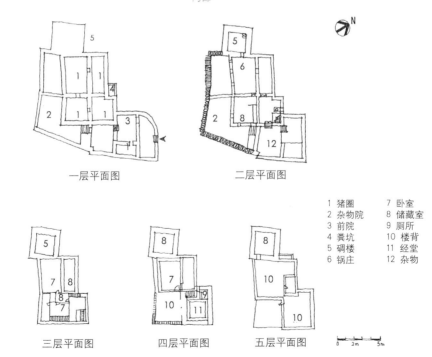

一层平面图

二层平面图

| | |
|---|---|
| 1 猪圈 | 7 卧室 |
| 2 杂物院 | 8 储藏室 |
| 3 前院 | 9 厕所 |
| 4 粪坑 | 10 楼背 |
| 5 碉楼 | 11 经堂 |
| 6 锅庄 | 12 杂物 |

三层平面图　　　四层平面图　　　五层平面图

图6-25 四川省丹巴县莫洛村：格鲁甲戈宅平面
（改绘自：《西南民居》第72页）

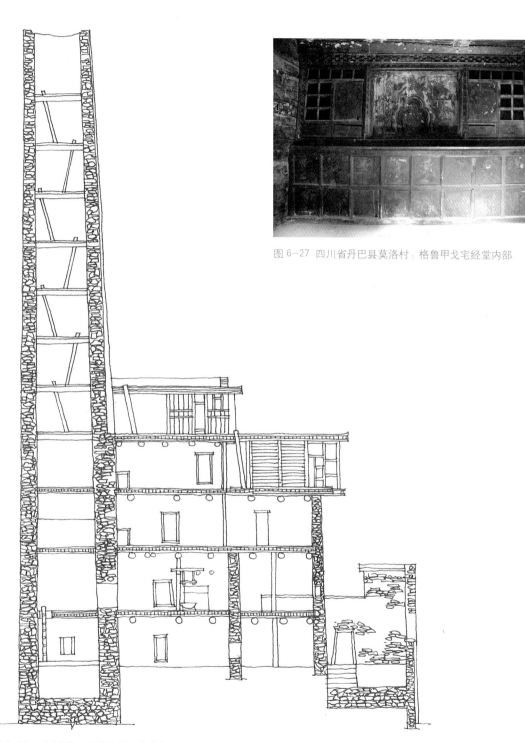

图 6--27 四川省丹巴县莫洛村：格鲁甲戈宅经堂内部

图 6--26 四川省丹巴县莫洛村：格鲁甲戈宅剖面
（改绘自：《西南民居》第 73 页）

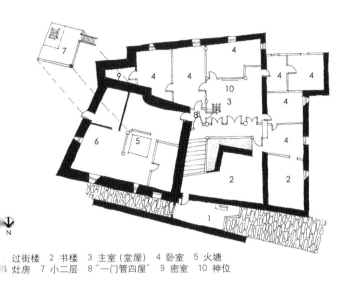

1 过街楼　2 书楼　3 主室（堂屋）　4 卧室　5 火塘
6 灶房　7 小二层　8 "一门管四屋"　9 密室　10 神位

图 6-28 桃坪寨羌族碉房底层平面示意图
（改绘自：《中国羌族建筑》第 362 页）

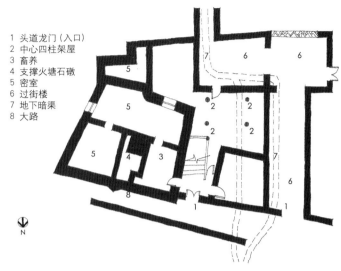

1 头道龙门（入口）
2 中心四柱架屋
3 畜养
4 支撑火塘石磴
5 密室
6 过街楼
7 地下暗渠
8 大路

图 6-29 桃坪寨羌族碉房二层平面示意图
（改绘自：《中国羌族建筑》第 362 页）

为常见，高约 10～20 米。四层的碉房一般底层用作畜圈，二层为堂屋、灶房、主室，是日常起居活动的空间，三层设置卧室，四层为储藏室，房顶是"罩楼"，用于晾晒、储物等。三层的碉房则多将卧室分散设于二层和三层空间。碉房的主入口设在二层，上下层之间以独木梯或活动木梯相连（图 6-28～图 6-31）。

在羌族碉房中，二层的堂屋是最核心的空间，在室内流线上联系二层其他房间和上下层空间，在功能上是全家起居、待客、用餐的空间。堂屋中设有火塘、神龛和一棵中柱。火塘是核心空间，不可踩踏、跨越，其四周分别为上八位、下八位、上组呢和下组呢，主客双方的男女老幼按长幼尊卑使用四方空间（图 6-32）。火塘背后一侧是灶台，一侧是神龛。羌人把中柱和其上的梁奉为神灵，加以膜拜，有学者认为，这可能是远古帐幕居住方式延续形成的认知[1]。此外，碉房的屋顶要安放白石，每日晨昏以及年节、灾祸时要祭祀。

---

① 任浩. 羌族建筑与村寨 [J]. 建筑学报，2003(8)：62-64.

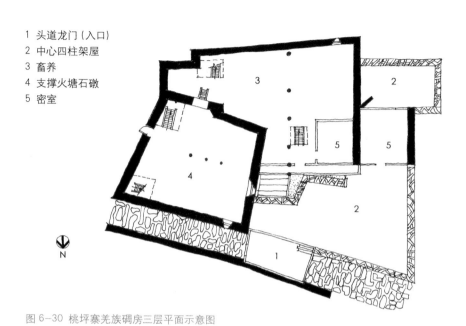

1 头道龙门（入口）
2 中心四柱架屋
3 畜养
4 支撑火塘石礅
5 密室

N

图 6-30 桃坪寨羌族碉房三层平面示意图
（改绘自：《中国羌族建筑》第 363 页）

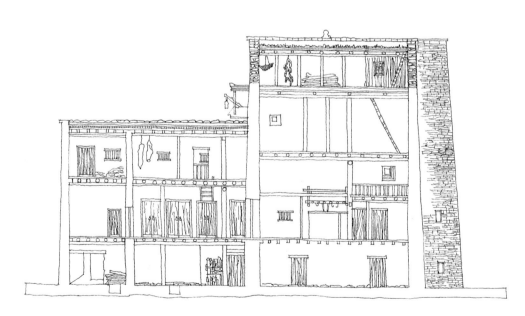

图 6-31 桃坪寨羌族碉房剖面示意图
（改绘自：《中国羌族建筑》第 364 页）

图 6-32 四川省理县桃坪寨：羌族火塘
羌族碉房的堂屋中设有火塘、神龛和一棵中柱。火塘是房屋的核心空间，禁止踩踏、跨越，火塘背后一侧设有神龛。

图 6-34 四川省理县桃坪寨：羌族石碉房

图 6-33 四川省理县桃坪寨：石敢当
在靠近汉族的地区，羌族也与汉族一样，在房屋正对路口之处设立石敢当，以起到驱邪的作用。

在靠近汉族的一些羌族地区，房屋入口会放置"泰山石敢当"，起到驱邪的作用（图 6-33）。

羌族碉房有用石砌的，也有用土夯筑的，一般均为居民自建。石碉房以石材作为墙体材料，用泥浆砌筑，厚度可达 70～80 厘米，内侧垂直地面，外侧向上收分，墙中砌入木条增加横向拉结。有的石碉房以墙体承重，木梁端头插入墙体，梁上架木楼板或屋顶；有的以木框架承重，石墙仅起围护作用。屋顶做法与藏族碉楼相似，在木梁上覆以木板和细密的枝条，再覆盖黄土（图 6-34）。土碉房内部为木框架，外部为夯土墙体。相较于石碉房，土碉房的抗震性能较差，汶川一带的土碉房在地震中受损较为严重（图 6-35）。

羌族碉楼装饰较为朴实，墙体一般不涂刷，有的墙体上会有十字、万字的镂空纹样。靠近藏区的石碉房，会在窗框部分简单模仿藏式彩绘。

图 6-35 四川省汶川县布瓦寨：羌族土碉房
相较于石砌碉房，土碉房的抗震性能较差。在 2008 年的汶川
大地震中，使用土碉房的村寨受灾尤为严重。

## 碉楼类型

碉楼是川西北藏羌村寨景观中最具有特点的
元素，数量众多、类型十分多样。

从材料上看，碉楼有石碉和土碉之分。从目
前遗存来看，石碉的数量居多，尤其以丹巴县一
带最为集中，丹巴亦有"千碉之国"的美誉，其
中梭坡、中路和蒲角顶是石碉最集中的区域（图
6-36）。土碉遗存的数量则相对较少，主要分布
在汶川一带，其中少量的土碉会在下部使用部分
石砌墙体，如汶川布瓦羌寨的碉楼（图 6-37）。

从形态上看，碉楼有四角碉、五角碉、六角
碉、八角碉、十二角碉、十三角碉等形态，内部
分层，以木梯上下（图 6-38 ~ 图 6-41）。其中，
四角碉是最为普遍的形式，土碉均为四角，石碉
也以四角为主，其底部边长一般在 5 ~ 8 米，高
度以 20 ~ 40 米的居多。八角碉也是比较常见的
形态，一般内部为圆形，外部为八棱柱，底部边

图 6-36 四川省金川县马尔邦乡石碉

长2米左右，高度以20～40米居多。其余几种形态的碉楼数量较少。

从权属上看，碉楼有家碉、寨碉、土司官宅碉等类型。家碉为一户人家所有，用于家庭储藏粮食、肉等物资，战时也有防御功能，一般较为矮小，与碉房相邻（图6-42、图6-43）。寨碉则属于公共建筑，是一个村寨或几个相邻的村寨

图6-37 四川省汶川县布瓦寨土碉

图6-39 四川省丹巴县莫洛村五角碉

图6-40 四川省马尔康县直波村八角碉

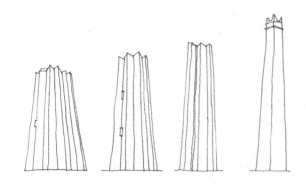

图6-41 碉楼形式与平面示意图

在川西北的藏羌村寨中，四角碉是最为普遍的形式，土碉均为四角，石碉也以四角为主；八角碉也是比较常见的形态，一般内部为圆形，外部为八棱柱；其余的碉楼形式相对较为少见。

（改绘自：《青藏高原碉楼研究》第49页）

图 6-38 四川省丹巴县蒲角顶四角碉

图 6-42 四川省丹巴县中路乡的家碉

图 6-44 四川省马尔康县西索村：土司官宅碉楼

图 6-43 四川省丹巴县蒲角顶的家碉

共有的，一般比较高大，独立于村口或村寨的高处，由村寨的首领或土司头人组织属民出资、修建，并负责坚守。土司官宅碉则是各级土司、土官在自己的官宅、衙署修建的碉楼，与主体建筑连为一体，平日里是土司权利地位的象征，或用作祭祀神灵和占卜的祭坛，战时则作为军事防御的堡垒，可用于家眷临时避难、储藏贵重物资等（图6-44）。

## 碉楼功能

藏羌村寨中这些碉楼的功能，最早主要是用于军事防御。川西北藏羌地区遍布高山峡谷、地形险要，在历史上又多处于各势力交界、部落混杂的地区，战乱频繁，碉楼成了各个村寨重要的防御设施。一些碉楼如烽火碉、瞭望碉等用于通信警戒，这些碉楼常常位于山脊、河湾台地、高山山岭等视野良好的位置，一旦发现敌情就可以点燃烽火，传递信号，在极远的地方就清晰可见（图6-45、图6-46）；一系列的碉楼相互呼应，可以有效地传递警戒信号，提醒村寨做好防御的准备（图6-47）。还有一些碉楼位于交通要道或重要的关口、渡口，作为战碉使用。一旦遇到战乱，

图6-46 四川省马尔康县直波村：位于河湾处的防御性碉楼
在河湾处沿山脊建起碉楼，可以在各个方向获得良好的视野，及时发现敌情、发出警戒信息。

图6-48 四川省丹巴县蒲角顶乡：林立的碉楼

图6-47 河流两岸的碉楼相互呼应

图6-49 四川省丹巴县中路乡：林立的碉楼

这些高大的战碉既可以容纳军士和石块、弓箭等军事物资，也可以储备粮食、水、牲畜等生活物资，并给村寨里的老弱妇孺提供藏身之所。每座战碉都是一个火力点，若干个战碉相互配合，就形成了一张强大的火力网。

在提供防御功能之外，碉楼对一些人家来说也是一个家庭财富、地位的象征。在大小金川一带，过去曾流行一种风俗，一旦家中诞下男孩就要筹备材料，修建一座碉楼。如果碉楼没有修建好，这个男孩就不能娶妻。

还有少数的碉楼是用作宗教或风水功能的。比如小金县沃日乡和丹巴县中路乡就有专门用于礼佛的经堂碉。一些村寨中会修建风水碉，用来镇住危害人畜的妖魔厉鬼[1]。还有一些碉楼位于部落、土司领地的边界，作为界碉，避免争端和纠纷。还有的碉楼是为纪念功勋而修建的（图6-48、图6-49）[2]。

## 碉楼结构

碉楼体形瘦高、自重较大，又处于地质情况复杂的山区，因此其基础多用石块与土结合，形成板状的整体基础。这种基础类似于筏式基础，可以最大限度地减小地基的均衡承载力[3]。

不论是石砌还是夯土，碉楼大多是墙承重体系，逐层建造。每层的梁搁在墙上，梁上再铺小

料和楼板，等整体干透后再接着建造上面一段墙体，各层之间以活动木梯相连接。建造到最高一层时，墙体上依次放置大梁、劈柴、树枝等，再铺上含沙的土层拍打磨光，形成倾斜的排水坡度，

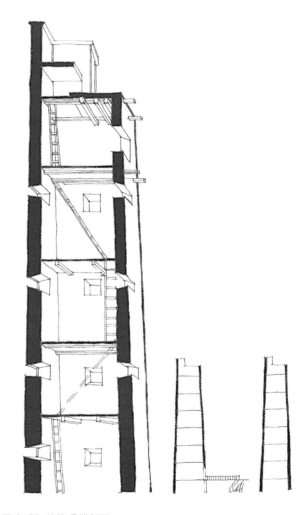

图 6-50 羌族碉楼剖面
（改绘自：《中国羌族建筑》第 253 页）

① 石硕. 青藏高原碉楼研究 [M]. 北京：中国社会科学出版社，2012：60.
② 石硕. 青藏高原碉楼研究 [M]. 北京：中国社会科学出版社，2012：62.
③ 石硕. 青藏高原碉楼研究 [M]. 北京：中国社会科学出版社，2012：303.

图 6-51 四川省丹巴县莫洛村：设有墙筋的石砌碉楼

图 6-52 藏族碉楼顶端造型

并且在女儿墙上挑出排水槽以便排水（图6-50）。因为川西北地区少雨，碉楼顶层常常开有楼梯的孔道，平时用木板或者薄石片加以覆盖。为了降低碉楼整体的重心，增加其整体稳定性，碉楼的各段墙体往往收分不同，下部的墙体收分多一些、墙体厚一些，上部的墙体收分少一些、墙体薄一些，因此碉楼从外观上看轮廓线不完全是直线[①]。为了增加墙体的稳定性，在墙体中会设置横木作为墙筋(图6-51)。羌族就有这样的建造口诀："横压筋，顺压脉，上下左右错缝落。大石砌，小石楔，黄泥黏土牢粘合。下大上小逐层收，外收内直砌碉楼。"[②]

## 藏羌碉楼之异

川西嘉绒藏族与羌族的碉楼虽然因两个民族的密切交流而具有较高的相似性，但仍然具有各自的特征。

首先，藏族的碉楼顶部做法比较简单，碉楼大部分为四角碉，其顶部一般砌成半月形，与当地民居顶层的做法比较相似（图6-52）。而羌族碉楼的顶端做法十分多样，有的是在顶层去掉正面的一半围墙，形成退台式的敞口，如理县桃坪羌寨的碉楼(图6-53)；有的在碉楼顶端设置挑台，用于瞭望观察。

其次，由于民族信仰的不同，藏族与羌族碉楼墙体上的装饰符号也有所不同。除了都会在碉楼上安放白石外，藏族常在墙体上绘制万字符、日月等宗教符号，而羌族很少使用这类符号。

再者，藏族碉楼的功能比较多样，有家碉、战碉、烽火碉、界碉、风水碉等，羌族碉楼的功能大多集中在居住、储藏和军事防御上。

最后，藏族的碉楼均为石砌墙体，而羌族部分地区使用夯土版筑的碉楼，如布瓦寨等。

① 季富政. 中国羌族建筑 [M] . 成都：西南交通大学出版社，2000：244–245.
② 王堃. 桃坪羌族民居建筑文化内涵初探 [J] . 美与时代，2013(8)：61–63.

图 6--53 羌族碉楼顶端造型

# 第七章

## 庭院深深述商宅，晋中传统村落

山西是华夏文明的发源地之一，被誉为"表里河山，四塞之区"，区位显要、价值特别，历经时光洗礼形成了独特的中国北方乡村人居环境。其中，晋中地区的人类聚居行为活跃，保存有大量明清建造的村落。一方面，汾河水系流经晋中，冲积形成河谷平原，成为重要的农田沃野；另一方面，沿河两岸向来多商道驿路，人口稠密、文教兴盛，尤其在明清时期，晋商足迹遍及全国，集敛财富于故土进行村落营造。总体而言，晋中传统村落数量多、密度高，院落空间丰富、设计考究、装折精美，是了解明清乡村历史和文化的重要物质载体。

## 承启之地

晋中地区位于山西中部，地处"承东启西，融东会西"的重要位置。该地区在上新世早期断裂下陷，形成太原盆地。汾河流经沉陷区，沿线分布有许多支流，如文峪河、昌源河、龙凤河等。盆地提供了平坦开阔的耕地资源，水系为灌溉水利带来便利，众多村落随之形成、兴起、发展。

晋中地区是区域政治、文化、经济中心，自先秦时期便是多元文化汇集融合之地。通常所言"晋中"是文化地理学的概念，北至阳曲县、南达灵石县，东西以太行、吕梁山系为界，包括太原市、晋中市、吕梁市相邻的县区。传统村落在祁县、太谷县、平遥县、介休市、灵石县等县市区分布最为集中，是众多"晋商大院"的所在地，如乔家堡村、静升村、北洸村等已经成为晋地历史文化承袭和传播的重要载体（图7-1～图7-3）。截至2015年，山西已登记建档的传统村落多达1400余处，位于晋中地区的村落约占1/4[①]，并有8处国家级历史文化名镇名村（表7-1）。

图7-1 山西省祁县乔家堡村：在中堂

图7-2 山西省灵石县静升村：高家崖院落群

---

① 全国传统村落管理信息系统http://village.mohurd.gov.cn/。

图7-3 山西省太谷县北洸村：三多堂院落群

晋中地区的国家级历史文化名镇名村（第一批至第六批）　表7-1

| 序号 | 地区 | | 名称 |
|---|---|---|---|
| 1 | 太原市 | 晋源区 | 店头村 |
| 2 | | | 静升镇 |
| 3 | | 灵石县 | 夏门镇夏门村 |
| 4 | | | 两渡镇冷泉村 |
| 5 | 晋中市 | 祁　县 | 贾令镇谷恋村 |
| 6 | | 太谷县 | 北洸乡北洸村 |
| 7 | | 介休市 | 龙凤镇张壁村 |
| 8 | | 平遥县 | 岳壁乡梁村 |

## 山水环境

村落拓展、人口增长离不开山水环境的物质保障，山峦可拒外敌，河水可供饮用和灌溉，平川则便于农田开垦。晋中地区以盆地、平原为主，汾河自北向南穿过太原盆地，形成冲积平原，地势开阔、土壤肥沃、耕地连绵。该区域东临太行山中段，西接吕梁山系，南依太岳山西麓，北接忻定盆地，被誉为"秦晋要道、晋陕通衢"。[①]地域南缘与晋南地区相接，吕梁山南麓和太岳山突然收窄，形成峡谷地带，水流湍急、地势险要。

汾河（亦称汾水）是晋中（亦是山西全境）最长、流域面积最大的河流。汾河发源于管涔山，从太原西北侧流入太原盆地，进而折向西南，途经清徐、祁县、平遥、介休等地，在灵石过山口进入临汾盆地，最终汇入黄河（图7-4）。

图7-4 1960年代的汾河
（引自《汾河志》，陈铿拍摄）

太原盆地是山西面积最大的盆地之一，位于汾河流域中段，为冲积平原，面积约为5016平方千米，海拔为700～800米。[②]除太原盆地，在山地丘陵中亦有山间盆地，在地区东西两侧均有分布。

总体而言，晋中地区四季分明、日照充足，气温日较差、年较差大，夏季炎热多雨、冬季寒冷干燥。汾河一方面提供了丰沛的水源，另一方面容易形成涝灾。这里与山西其他地区相比，矿产丰富、植被茂盛，为村落营造提供了天然的资源储备。

一般而言，地势平坦、水资源丰沛的盆地区域有利于进行农业生产活动，是村落分布密度较高的区域；山地丘陵地带，由于交通不便、水源缺乏、耕地紧张，不利于人口聚集。因此，晋中传统村落的整体分布呈现中心密集、两端分散的趋势。

## 因地制宜

晋中地区气候干燥，春冬季节寒冷而多风沙，夏季炎热，故而冬季御寒保暖、夏季通风遮阳成为村落的基本功能诉求。在选址方面，优先选择背山面水的地段，通过高大山体遮挡来自西北方向的干冷气流，利用河滩溪流作为生活用水。基于选址的自然地理特征，可大致分为三类，即平川村落、山地村落与滨水村落。

① 李书吉. 历史上的山西中部及中部经济文化带 [J]. 沧桑, 2011 (3)：115-117.
② 张维邦主编. 山西省经济地理 [M]. 北京：新华出版社, 1987：6.

图 7-5 山西省孝义市宋家庄村：整体格局图示

图7-6 山西省介休市张壁村：南堡门外

平川村落主要沿汾河两岸分布。汾河水系流经晋中大部，在河道两岸形成大面积的平原地带，范围涵盖太谷、祁县、平遥、介休、孝义等地。该地区地势平坦、土壤肥沃，便于人工营造和耕地灌溉，因而形成了众多形态完整、规模较大、人口稠密的传统村落。例如孝义的宋家庄村（图7-5）、祁县的谷恋村、太谷的北洸村、平遥的梁村、介休的张壁村（图7-6）等。平川村落多具有清晰的轴线和空间对位关系，具有较完整的外部边界，通过堡墙、堡门分隔内外。

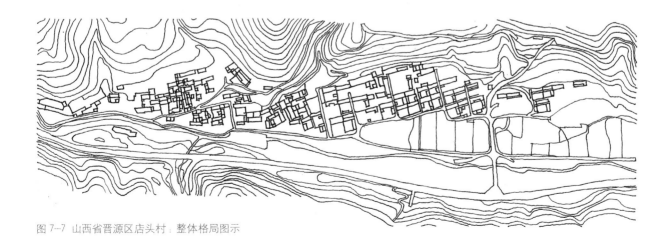

图7-7 山西省晋源区店头村：整体格局图示

图7-8 山西省晋源区店头村：东南向鸟瞰

　　山地村落多分布于晋中地区的东西两侧，即太原盆地和太行山系、吕梁山系交界的区域。农耕社会中，自然山川是村落形态最重要的影响因子之一，村落往往将崖、坎、沟、壑等作为建成环境的有机组成，旨在尽量减少人工干预，以形成村落整体营造。村落本体往往位于地势较低的谷地，若有河谷则沿水道展开布局，耕地位于村落外围地势较高处。

　　如晋源的店头村（图7-7、图7-8）、榆次的后沟村、太谷的上安村、灵石的董家岭村（图7-9）、平遥的普洞村等，山地村落对于建成环境、耕地、山体的关系有着积极应对，沿台地等高线

图7-9 山西省灵石县董家岭村

图7-10 山西省灵石县冷泉村整体格局图示

冷泉村位于县域东北隅，其北、东、南三面被山峦所包围，西侧与汾河相邻。该区域紧邻汾河，最利于农垦。

图7-11 灵石八景之"冷泉烟雨"
（引自:《灵石县志》）

图 7-12 山西省灵石县夏门村：汾河水畔百尺楼
夏门村位于山谷地带，东为太岳山脉，西为吕梁山脉。村落所在山谷为南北走向的峡谷地带，其东侧为汾河。村落原本集中于汾河西边崖体上的平地，堡墙对于村落的形态有着严格控制。

图 7-13 山西省平遥县梁家滩村
在平遥县城东南约 15 千米处，聚落由两部分组成，规模一大一小，分别位于柳根河东西两侧，通过拱桥相连。

展开布局，村落街巷和建筑朝向不再囿于既定的模式，因借地形，形成变化丰富的空间格局。

滨水村落体现了水资源的重要性，是农耕社会中灌溉水利导向的产物。汾河及其支流哺育了众多村落，在榆次、平遥、灵石等地，沿河而建的村落有相立村、梁家滩村、赵壁村、冷泉村、夏门村等（图 7-10 ~ 图 7-13）。这些村落均建造于离水道较远的高处，一方面利用既有的沟壑崖壁形成天然的防御屏障，另一方面可以将水道两岸平整的空地开垦为耕地，为村落提供基本的生活资料。山西"地狭民稠"，对于土地的有效利用成为村落选址营造所必须面对的问题。

## 商宅共生

晋中传统村落中建造技艺和艺术价值最为突出的是一座座大院府邸，这些院落的主人就是在明清时期足迹遍及大江南北的山西商人，又称"晋商"。晋商是中国近代重要商帮的一支，与粤商、徽商、浙商、苏商等共同活跃于全国各地。

由于山西位于太行山以西，常被称作"山右之地"，晋商亦为"山右商人"。据《五杂组·地部二》记述，"富室之称雄者，江南则推新安，江北则推山右……山右或盐，或丝，或转贩，或窖粟，其富甚于新安。"①宋代至明代，由于边防的需要，建立"镇"。明代设九边重镇，在秦晋地区驻军屯田，以"开中法"转运贩卖盐粮。晋商因地理之便而积累资本，再不断拓展业务。其后防御功能诉求降低，诸多军镇转化为商镇，为来往商贾提供了场所。明清以来，商业活动作为公共生活中最为重要的类型之一，在物质空间方面体现于宅院式村落的修建。由于宗法理念的限制，商人外出经营不得携带家眷、不得入外籍，导致财富资本最终回流本乡，或营建房屋，或兴修公共设施，客观上促进了村落建设的繁荣。

晋商在明末清初经营多种业务，包括粮盐、颜料、布匹等，至清中期以后以票号和钱庄为主，商号不仅遍布全国，还将业务拓展至境外，有"汇通天下"之美誉（图7-14）。清雍正二年，刘于义奏疏，对山西社会定位排序进行了表述，依次

图7-14 日升昌"汇通天下"题额

为经商、务农、入仕。清光绪《五台新志》记载，"晋俗以商贾为重，非弃本而逐末，土狭人满，田不足耕也"。相对过剩的劳动人口为商贸发展提供了人力，丰富的矿产和手工业产品则提供了物质资料基础。

经过历代积累，涌现出了许多知名商贾望族，以祁县、平遥县、太谷县一带的晋商最为知名，包括乔家、毛家、曹家、渠家等宗族，不仅在财富积累和建筑营造方面声名远扬，更在当时成为地方公共事务的代言人和执行者。

太谷县北洸村的曹三喜，于清初到辽宁朝阳一带谋生，先做佃户、后开豆腐坊，又经营起杂货店，生意日渐兴隆。历经康熙、雍正、乾隆年间的发展，曹氏家族的商号增加近20处，在清嘉庆八年曹兆远兄弟将全家分为东、西各六门，

---

① （明）谢肇淛. 五杂组 [M]. 北京：中华书局，1959：108.

其中"三多堂"便是由东五门的承德堂、承善堂、承业堂合并设立，此外还有五桂堂、世和堂、吉庆堂等，每一堂均建造有院落宅邸，成为村落当中重要的建筑景观。

再如灵石县静升村的王氏，自第十世开始经营棉花、杂货、典当等营生，第十三世王兴旺于清康熙年间经营牲畜贩卖生意，至清嘉庆时转向经营盐业。随着经营业务的发展，其积累的财富亦转化为祖籍地的建筑营造，王家宅邸从康熙至嘉庆陆续修建完成，包括红门堡、拱极堡、铁门院、高家崖等部分。

## 堡寨重重

晋中传统村落大多表现出较强的防御性特征，通过选址与营造保证村落内部的安全。村落或位于河谷地带，在上下水口建有水关；或位于悬崖旁侧，在地势缓和一侧建有堡墙；或是位于平缓地带，通过多个组群形成共同防御关系。防御性构筑的极致便是"堡寨"。

"堡寨"在晋中地区广泛分布，此类村落具有防御性功能，肇始于明代的军堡和民堡。即使在今日，保存有堡墙遗迹的村落仍有许多，据不完全统计，晋中地区以堡、寨、屯等作为村镇名称的村落可达 230 余处。[①]堡寨作为晋中传统村落中独具代表性的一类，反映了该地区数百年以来的社会变迁。类似的村落类型还有壁、坞、屯等，例如介休市北贾村的旧堡、旧新堡、新堡，平遥

县梁村的昌泰堡、南乾堡和天顺堡，段村的凤凰堡和永庆堡，再如张壁村、赵壁村等村落。其中既有一村一堡，也有一村多堡。

《文献通考·田赋七》记载，"又置堡寨，使其分居，无寇则耕，寇来则战。"体现了堡寨村落兼顾生产生活和战斗防御的功能。防御性对于传统村落而言非常重要，特别是在时代变迁之际，如何应对战乱匪患成为每一处村落营建之初所要考虑的问题。除却在悬崖山坳中选址以躲避灾患，还可以通过村堡的建设加强村落自身的防御能力。据民国二十年《太谷县志》记载，太谷县在清代共建有 27 座堡寨。再如乾隆三十五年《孝义县志》所记，"汾平介诸邑之村堡如城垣者不下数十"。

堡寨村落最为显著的特征是围合属性，根据营造方式可分为人工围合与自然围合，前者多见于平原环境的村落，往往通过堡墙将村落与外界

图 7-15 山西省介休市北贾村：夯土堡墙

---

① 王绚. 传统堡寨聚落研究 [D]. 天津大学博士学位论文，2002：38.

图7-16 山西省太谷县上安村：堡门位置示意

分隔，再开设堡门连接内外，堡墙往往采用夯土，厚达数米，内侧有马道；后者多见于山地环境，借助河谷、山崖、陡坎等天然壁垒，人居空间布置于内凹式的洼地中，通过隘口或者城关与外界连通（图7-15）。

太谷县的上安村共设有六个堡门，北侧三个、南侧两个、东侧一个，西侧临沟（图7-16）。通过村落选址，以利用自然地貌特征形成天然的防御性，以防备外来侵袭。村落北侧的三个堡门呈

线性排布，有山体自然形成的瓮城。位于最北端的堡门之外有"瞭兵台"，村落内部设有地道（图7-17）。村落北侧地势最高处建有提督府院、关帝庙，均拆毁。

再如张壁村，村落位于介休市南约5千米处，其堡寨特征保存较为完整（图7-18）。根据清嘉庆《介休县志》记载，介休一带"东望蚕蕨之山，西距雀鼠之谷，绵山峙其前，汾水经其后"。[①]县域内地势平坦，东南多山地丘陵，北多平原，南

① 清嘉庆《介休县志》，辑录于《介休文史资料》第五辑，政协介休市文史资料委员会，1994年。

图 7-17 山西省太谷县上安村：北侧堡门

图 7-18 山西省介休市张壁村：整体格局图示

邻峪谷，汾河经义棠镇后变窄，呈要塞之势。在清嘉庆年间，县域内建有附堡四十、寨八。[1]张壁村东距汾河支流龙凤河约 3 千米，南临绵山。村落以"壁"为名，有防卫隔断之意，三面临沟、内有古井、自给自足。采用"明堡暗道"形式，地上部分为堡寨，地下修建有逃生避祸的通道。村落南北设堡门，中轴为"龙脊街"，连接两端堡门（图 7-19、图 7-20）。堡墙南北长约 240 米、东西宽约 370 米，堡墙内占地面积约为 10 万平方米。

除了单个堡寨，亦有村落建有若干个堡，一方面是由于人口增加，辟地新建居所，另一方面各个堡寨可相互照应，构成防御体系。以平遥县梁村为例，村落由五个堡寨单元聚合而成，其中

图 7-19 山西省介休市张壁村：南堡门

图 7-20 山西省介休市张壁村：北堡门

① 李书吉. 张壁古堡的历史考察 [M]. 太原：三晋出版社，2013：71-72.

图 7-21　山西省平遥县梁村：堡寨分布图示

东北侧的东和堡、西北侧的西宁堡已经废弃，居民现集中居住于南侧的昌泰堡、南乾堡和天顺堡生活（图 7-21）。大部分居民仍在堡内居住，其中东和堡年代最久，西宁堡景观条件好，昌泰堡（图 7-22）的建造形制级别较低，天顺堡和南乾堡保存最为完整。

## 秩序严整

晋中传统村落不仅是商业文化的载体，更与儒家伦理文化密切相关，在空间格局方面表现为秩序严整、内外分明。首先，村落的外部区域被堡墙与堡门相隔，内部社会生活依托街巷与开放空间。由于晋中地势较为平坦，可按照传统理想

图 7-22 山西省平遥县梁村：昌泰堡堡门

空间模式营造，形成《周礼·考工记》中所言的格网式格局。格网式街巷体现了村落对环境的适应方式，以及传统社会中的伦常习俗，概括而言就是秩序感与向心性。《新定三礼图》①中的明堂和王城集中体现了这种理想空间模式，建成环境为闭合形态，所有街巷交织排列，形成强烈的内聚性，通过街巷组织、建筑围合、门楼指向等多种方式不断进行强化。

晋中传统村落的街巷格局和其整体形态相契合。村落由院落聚合而成，院落之间的街巷具有鲜明的层级划分，往往是一条主街连接两端入口，沿主街向周边延伸出次级巷道；主街为公共性最强的场所，可通达祠堂和寺庙，次级巷道私密性较强，宅邸院落多向其开设入口（图 7-23）。张壁村的"龙脊街"便是典型的村落主街，将村落划分为东西两部分，院落为南北向布局，出入口临东西向次级巷道设置（图 7-24）。

灵石县冷泉村内部采用鱼骨式街巷，主街为东西走向，宽度在 4～8 米之间；由主街分别向南、北引出支巷，南北各有三条。戏台位于主街东端，与西端入口堡门呼应。祠堂位于主街和北三支巷交叉口的西北侧。上村部分在村落选址和街巷布局方面均对周边环境有所回应。村落的西侧堡门为主入口，将上村与下村、外村相连。将堡门的对称轴分别向东、向西延伸，与村落两侧山体相交，轴线延长线恰好和南北向山体的山脊线重合（图 7-25、图 7-26）。

---

① 由宋代学者聂崇义编纂，现存宋淳熙二年（1175年）刻本，"三礼"指代《周礼》、《仪礼》和《礼记》。

图 7-23 山西省介休市张壁村：街巷格局图示

图 7-24 山西省介休市张壁村："龙脊街"

图 7-25 山西省灵石县冷泉村：西堡门、主街、山体的空间关系

图 7-26 山西省灵石县冷泉村

## 庭院深深

晋中传统村落中，最为重要的建筑群落要数"晋商大院"。晋商是村落与建筑营造的主体之一，大院体现了财富的聚集。所谓"大院"，顾名思义，一方面是院落的形制高、格局广、层次多，另一方面则是建筑单体的尺度恢宏、院落显敞。

大院为院落组群的统称，包括多个功能、形态不同的单体院落。从使用者的角度来讲，大院是家族聚居的生活场所，虽然其内部会划分为若干个相对独立的部分，但均属于同一个族群；从功能性角度来讲，大院内部兼顾了日常起居的大部分职能，包括厅房、卧室、佣人房、车马院、储藏室、祠堂等空间；从空间形态的角度讲，正是由于大院的内部一致性，使其表现出明晰的内外界限，通过高墙、单坡或长短坡屋顶、门楼等进行限定，具有内聚性和防御性；从历时生长的角度来讲，大院可以随着时间发展、家族衍生不断扩展，因而其规模亦是逐渐变大，具有环境适应性（图7-27）。

大院建筑因地就势，根据所在地域环境呈现出独特的形态特征。其基本的拓扑空间是一致的，

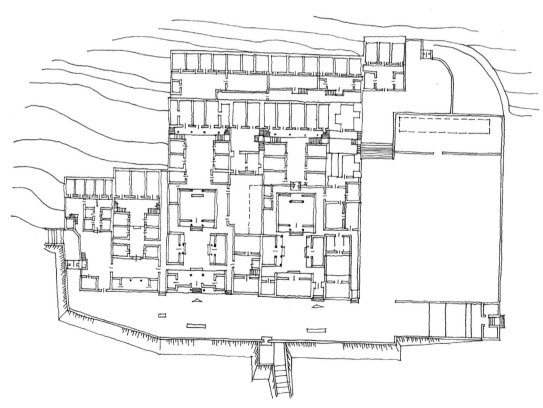

图7-27 山西省灵石县静升村：王家大院高家崖整体格局图示
（改绘自：《山西民居》第212页）

图 7-28 山西省祁县乔家堡村：乔家大院

图 7-29 山西省灵石县静升村：红门堡树德院

或沿面宽方向拓展，或沿进深方向拓展，形成多路、多进或者二者兼具的整体形态。平川之中的大院，其形态更加严整，虽为"院"，却表现出"城"的特质，平面呈矩形的外沿高墙、正交相接的内部廊道、沿轴线排列整齐的房屋。山地丘陵之中的大院，结合地貌高差变化，或错动，或抬起，形成高低变化丰富的"台院"。

传统村落中现存较为完整的大院有，祁县乔家堡村的乔家大院、灵石县静升镇的王家大院、榆次区车辋村的常家庄园、太谷县北洸村的三多堂、平遥县段村的凤凰堡院落群等。

乔家堡村位于祁县城东北，北距太原约 54 千米，南距东观镇仅 2 千米。乔家大院名为"在中堂"，为全国重点文物保护单位。该院落原为晋商翘楚之一乔致庸的宅第，始建于清代乾隆年间。院落整体布局呈双"喜"形，共由 6 个院落集合而成，包括 300 余间房屋。院落布局严谨、建造精巧，被誉为"北方民居建筑史上一颗璀璨的明珠"（图 7-28）。

王家大院位于灵石县静升村，该建筑群落从清代初年开始建造，至清代嘉庆年间形成"九沟八堡十八巷"的空间格局。其中，高家崖堡和红门堡保存较为完整。主体建筑为南北朝向，多为两进或三进院落，正房、厢房均采用砖砌锢窑，正房为"明三暗五"形式，厢房多为三间；过厅一般为双坡抬梁式结构。锢窑作为晋中常见的单体建造形式，广泛分布于介休、平遥、灵石等地，窑脸的装折手法又因地域而有不同，或满堂铺设木作门窗，或在砖砌墙体中嵌入门窗（图 7-29～图 7-31）。

图7-30 山西省平遥县彭坡头村：锢窑民居

常家庄园位于榆次区车辋村，原为常氏家族的宅邸。庄园自明代末年开始营建，清乾隆中期进行扩建。庄园共有50余座单体建筑，在西北侧还建造有私家园林。庄园分为南北两个部分，北侧为建筑主体，南北院落群之间有东西向甬道，甬道东端是院落群的主入口，建设有堡门（图7-32）。单体院落均为南北向布局，多为两进院落，厢房为"里三外三"或"里五外五"布局。

"三多堂"又称曹家大院，位于太谷县县城以西，为著名晋商曹氏家族东五门的宅邸。大院整体坐北朝南，沿面宽方向可分为西院、中院、东院三个部分。处中院外，西院、东院建有跨院，整体上为"横五纵三"形态。三组院落的第一进院和第二进院之间修建有甬道，连接东西入口。大院北侧建有正房，主体为3层，顶层另建景观亭，成为建筑整体的制高点（图7-33～图7-37）。

段村位于平遥县，历经约千余年历史，包括凤凰堡、兴盛堡、泰和堡、永庆堡、和熏堡、咸宁堡，构成"六堡一街"的空间格局。各个堡寨

图7-31 山西省灵石县雷家庄村：锢窑民居

图7-32 山西省榆次区车辋村：常家庄园的甬道和堡门

图 7-33 山西省太谷县北洸村：三多堂

图 7-34 山西省太谷县北洸村：三多堂东院

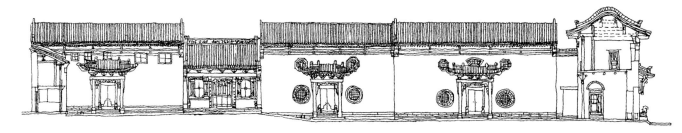

图7-35 山西省太谷县北洸村：三多堂甬道北立面图
（改绘自：《山西古村镇历史建筑测绘图集》第21页）

图7-36 三多堂东院正房立面
（改绘自：《山西古村镇历史建筑测绘图集》第14页）

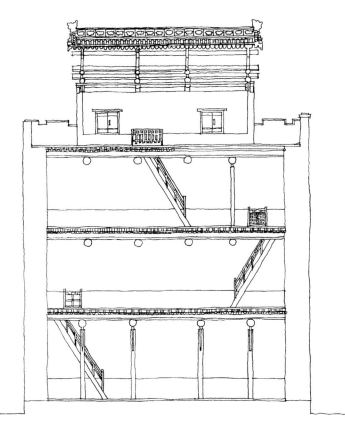

图7-37 三多堂东院正房剖面图
（改绘自：《山西古村镇历史建筑测绘图集》第14页）

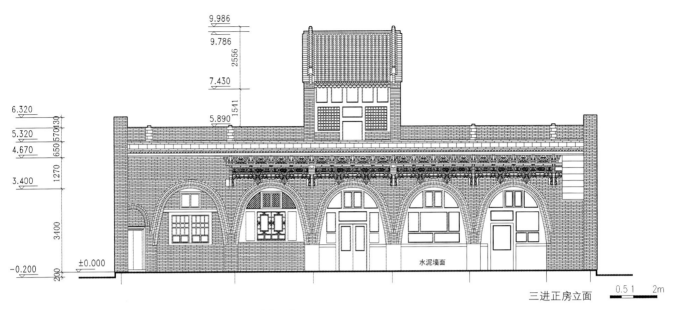

图 7-38 山西省平遥县段村：凤凰堡左氏宅院三进院正房立面图
（改绘自：《山西古村镇历史建筑测绘图集》第 76 页）

图 7-39 山西省平遥县永城村：窗扇木雕

图 7-40 山西省平遥县梁村：窗扇木雕

均有堡墙和堡门，墙体以夯土筑造。其中，凤凰堡建成时间最早，其边界因地形而曲折变化。堡内居住建筑多为二进或三进合院，由外向内私密性渐强。单体建筑以锢窑为主，正房以五开间居多，两侧厢房以三开间居多。部分院落在正房顶部修建"景观楼"，居于正中，与仪门处的门楼相呼应（图 7-38）。

① ③ ⑤

② ④ ⑥

图7-41 山西省太谷县北洸村：五桂堂墀头 ①
图7-42 山西省介休市张壁村：民居墀头 ②
图7-43 山西省祁县乔家堡村：在中堂墀头（1）③
图7-44 山西省祁县乔家堡村：在中堂墀头（2）④
图7-45 山西省灵石县静升村：王家大院砖雕影壁 ⑤
图7-46 山西省祁县乔家堡村：在中堂砖雕影壁 ⑥

①

②

图 7-47 山西省榆次区车辋村：常家庄园影壁与砖雕壁龛 ①
图 7-48 山西省平遥县梁坡底村：砖雕壁龛 ②
图 7-49 山西省灵石县雷家庄村：影壁 ③
刻有鹿和松树，意为"松鹤延年"。
图 7-50 山西省太谷县阳邑村：影壁 ④
雕刻有"朱子家训"，是明末清初理学家朱柏庐的治家格言，
全文共 522 字，阐述了尊敬师长、勤俭持家等传统伦理观念。

③

④

图 7-51 山西省榆次区车辋村：常家庄园景窗透雕 (1)

图 7-52 山西省榆次区车辋村：常家庄园景窗透雕 (2)

图 7-53 山西省灵石县夏门村：门楼砖雕

图 7-54 山西省灵石县冷泉村：民居题额装饰
书有"树德务滋"，语出《尚书·泰誓下》，意为施行恩惠须力求普遍，
恩泽大众。

## 装折富丽

　　晋中传统村落现存宅邸的原居住者多为商贾仕宦，家境殷实、营造精心，建筑装折颇为富丽考究。现存建筑装饰以木雕、砖雕、石雕居多，工艺精湛而细致。装饰细部依托建筑构件，诸如围合院落的照壁、影壁、仪门，建筑屋顶的脊兽、瓦当、滴水，构架部分的挂落、雀替、斗栱，墙体部分的墀头，此外还有抱鼓石、栏板、铺首、窗扇、题额、楹联等，雕刻有祥瑞图案和吉祥纹饰（图 7-39 ～ 图 7-53）。

　　装折不仅技法多元、工艺巧致，且题材广泛、意蕴丰富，包括植物纹样、器物图案、动物形态、文字符号等多种内容，既能传达院落主人的美好愿望，又可以阐释生活的日常道理、教化后人（图 7-54 ～ 图 7-58）。

图7-55 山西省榆次区车辋村：常家庄园题额装饰

图7-56 山西省祁县谷恋村：民居葡萄砖雕脊饰

图 7-57 山西省平遥县西源祠村：民居入口石雕门墩

图 7-58 山西省祁县谷恋村："泰山石敢当"石雕
为传统禁忌习俗，在道路冲要处所建房屋，往往于房屋外墙或
道旁立此石碑，有驱邪挡煞之寓意。

# 第八章

## 士农工商咸乐业，沁河中游村落

沁河中游地区，主要为明清泽州府所辖之地，相当于今山西省晋城市，领有泽州、沁水、高平、阳城和陵川等五市县。由于地处太岳、中条、太行群山之中，地势高亢，沁河中游地区成为相对封闭的地理单元，在长期的历史发展中，孕育出了较为独特的地域文化；同时，由于独特的地理位置，历史上，该地区持续起着联系陕西、中原、华北等全国政治、经济、文化中心的重要作用①，得以和外界充分接触、互动，从而为区域内村落的不断发展创造了条件。明清时期，该地区在兴旺的工商业和发达的科举的促动下，迎来了村落发展的历史高峰，不但数量众多的村落内均出现了兴建华堂美构的热潮，且有一批村落发展成为商业兴盛、市肆发达的集镇。截至 2014 年年底，该地区遗存至今的众多古村落中，已有 6 处被公布为全国重点文物保护单位，18 处被公布为中国历史文化名镇、名村，31 处被公布为中国传统村落（图 8-1 ~ 图 8-6）。

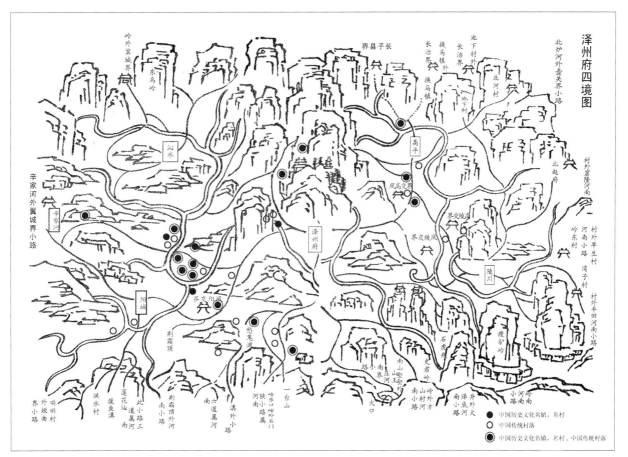

图 8-1 沁河中游典型古村落分布图

① 金代王寂有《沁水山寺》，诗云：两峡山高月半轮，五更人起马嘶频。无端又上长安道，输与僧窗饱睡人。参见：孔庆祥，王小圣主编. 历代珏山赏月诗钞 [M]．太原：山西人民出版社，2009：154。

图 8-2 山西省泽州县南村镇冶底村鸟瞰图

图 8-4 山西省陵川县古郊乡浙水村鸟瞰图

图 8-3 山西省高平市石末乡石末村鸟瞰图

图 8-5 山西省沁水县郭北村鸟瞰图

图 8-6 山西省阳城县上庄村鸟瞰图

## 文明摇篮

沁河中游地区是中华文明的发祥地之一，沁河及其众多支流滋养了这一地区的文明。距今两万多年前的下川遗址[①]及塔水河遗址[②]等数处古人类遗址的发现，证明该地早在旧石器时代已有人类活动，商汤的"桑林之舞"也发生在阳城县淅城山。至唐代，今阳城县海会寺附近的"郭社"已出现在文献中；宋、金、元时期，村落进一步发展，遗存至今的阳城县下交村汤帝庙大殿、泽州县周村东岳庙大殿（图 8-7）、高平市良户村

图 8-7 山西省泽州县周村东岳庙正殿

---

① 位于中条山东端的垣曲、沁水、阳城三县，纵横20~30公里范围内。1974~1978年，经山西省文物工作委员会与中国社会科学院考古研究所先后发掘调查，认定下川遗址为旧石器时代晚期后一阶段以细石器为主要特征的石器文化。其中沁水县下川地区地层保护较好，遗存最为丰富，故考古学上命名为"下川文化"。
② 位于陵川县，旧石器时代古人类遗址，为全国重点文物保护单位（第六批）。

玉虚观大殿（图8-8）、沁水县郭壁村崔府君庙元代舞楼、阳城县上庄村元代民居等众多早期木构建筑，侧面说明了这一时期古村落发展的状况。

明清时期是这一地区古村落发展的历史高峰。由于在元末的战争中受波及较少，在繁荣的交通、兴旺的手工业、商业和发达的科举等因素的促动下，该地区的村落规模逐渐增大，街巷格局逐步发展；古商道沿线的村落则普遍形成了商业街（图8-9），集中出现了手工作坊、商铺（图8-10、图8-11）、大车店等商业建筑，村落的空

图8-8 山西省高平市良户村玉虚观正殿

图8-9 山西省泽州县大阳镇西大阳商业街鸟瞰图

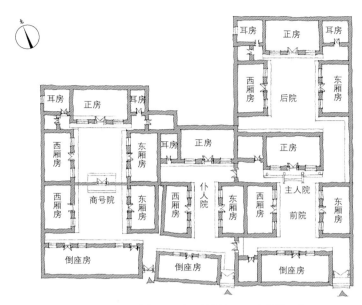

图 8-10 山西省泽州县大阳镇西大阳君泰号平面图

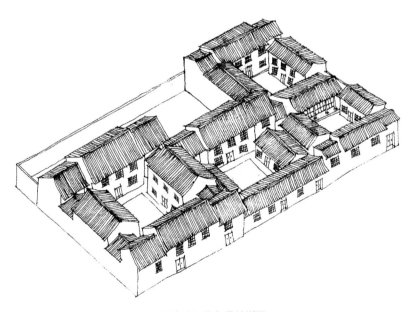

图 8-11 君泰号轴测图

间格局进一步丰富。期间，这一地区曾于明末受到农民起义军的短暂影响，受到侵扰的村落奋起防御，勉力经营，兴建了一些防御性的堡、寨、楼、阁；并且，这种防御思想影响了该地区之后相当长时间内的村落建设，形成了一批具有防御功能的村落。这些防御功能良好的村落多数保存得较好，成为该区域村落遗产的重要组成部分（图8-12、图 8-13）。

图 8-12 山西省沁水县湘峪村鸟瞰图

图 8-13 山西省阳城县北留镇郭峪村鸟瞰图

郭峪受到明末农民起义军的侵扰程度较深。时人张鹏云记载:"崇祯五年(1632年)七月十六日卯时,突有流寇至,以万余计。乡人抛死拒之,众寡不敌,竟遭蹂躏。杀伤之惨,焚劫之凶,天日昏而山川变。所剩孑遗,大半锋镝残躯,或乘间奔出,与商旅他乡者,寥寥无几。呜呼苦哉!鉴前毖后,余因与乡人议修城垣以自固。一切物料人工,悉乡人随意捐输,富者出财,贫者出力,不足者伐庙坟古柏以佐之,而以焕宇王公董其事,众人分其劳。计城工始于崇祯八年正月十七日,告成于崇祯八年十一月十五日。"[1] 在遭受惨祸之后,村人迅速团结起来,用时不到一年就完成了工程浩大的堡墙的建设。

---

① 张鹏云.郭谷修城碑记,明崇祯十一年(1638年),[M] //王小圣,卢家俭主编.古村郭峪碑文集.北京:中华书局,2005:21.

## 商贾仕宦

沁河中游地区山多田少，土地资源并不丰富，农业生产条件不佳；另一方面，该地区富产铁、硫磺、煤炭等矿产资源。这些条件促使该地区很早就发展出了冶铁、铁器制作等手工业和负贩商业。至明清时期，该地区的商业已经相当发达，泽州商人也成为晋商的一支重要力量。积累了巨额资本的商人便在家乡营造宅院或庄园；他们还往往热衷于村落的公共事业，为村落铺路建桥、修庙盖屋，从而促进了村落的建设。其中的佼佼者如阳城县北留镇郭峪村的王重新，先后为村里的汤帝庙、西山庙、白云观等公共建筑的重修及堡墙的建设慷慨捐助白银数万两。①

由于传统社会中商人的社会地位不高，取得成功的商人多希望自己的子弟能科举高中以改换门庭。事实上，明清时期，这一地区科举的发达也确实为人所瞩目。如沁水县窦庄张姓家族，自明万历二十年（1592年）张五典中进士后，书香传家，十代不衰，先后有张铨等六人中进士；沁水县湘峪村，虽仅几十户，却先后出过七个进士；阳城县上庄村王姓家族，先后出过五个进士；阳城县郭峪一村，则先后出过十五个进士。至于举人、秀才，数量就更多了。当地流传的歌谣云："郭峪三庄上下伏，举人秀才两千五"，虽有些许夸张，但却生动地说明了明清之际沁河中游地区科举的

图 8-14 王国光像

图 8-15 王国光宅"冢宰第"

王国光为明代万历初张居正改革的得力助手，虽位高权重，但生活俭朴，曾把皇帝馈赠其用来修建宅院的钱全部捐给阳城县用于修城墙。其居家时所居的"冢宰第"朴实无华，装饰较少，但整体格局严整，气度不凡。

① 王重新.碧山主人王重新自述，清顺治十三年（1656年），[M] //王小圣，卢家俭主编.古村郭峪碑文集.北京：中华书局，2005：156.

图 8-16 陈廷敬像

图 8-17 陈廷敬宅"大学士第"及"皇城"

在明代陈昌言创建河山楼和堡墙的基础上，清代，由于陈廷敬位高权重，皇城陈家迎来了又一次发展高峰，在陈廷敬的大学士第外围增修了新的堡墙，形成了皇城村两层堡墙的格局。同时，为陈设康熙皇帝御书的"午亭山村"碑，在堡墙之外，增建门楼一座。至此，皇城村格局发展成熟。

图 8-18 山西省沁水县嘉峰镇窦庄村山水环境

窦庄村西依榼山，东、北临沁河，为难得的沁河河谷地带的大片良田所围绕。不但水源充足，气候相对温暖，且景色优美。

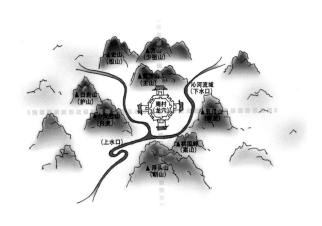

图 8-19 山西省泽州县周村环境形势示意图

兴盛情况。这些因科举的成功而出仕的官员普遍积极地在家乡营建气派的宅第以光宗耀祖，还积极参与或主持寺庙等公共建筑的建设；在社会动乱时期，他们又成为倡建堡寨、保家卫村的中坚，客观上促进了该地区古村落的发展。其中最著名

的当数明代的王国光（图 8-14、图 8-15）和清代的陈廷敬（图 8-16、图 8-17）。

## 依山傍水

地处太行之巅的泽州地区，山多地少，宝贵的耕地主要集中在沁河及其众多支流形成的河谷及沿河缓坡地带。因此，这一地区的古村落普遍选择依山、傍水、近田的地段建村，以靠近村落生存所必需的耕地和水源（图 8-18）。同时，在空间环境方面，还注重景观方面的考量。如泽州县周村，背靠黄沙岭，南望小南岭，东西两侧的山岭恰构成左右砂山，形成相对围合的空间；河流自东侧北面而来，环绕大半个村子后由西南侧流出，村子恰位于河流北侧弧形岸边的高地上，整个选址鲜明地体现了中国传统环境形势说的精

图 8-20 背靠龙王山的山西省泽州县石淙头村

石淙头村北靠龙王山，南对凤凰山，东有金鱼山，西临猪头山，长河从西南流来，经过村东，将石淙头村环绕大半后，向村北流去。整体背山面水，群山环抱，村内歌谣有云："东有金鱼跳出水，西有金猪拱过墙。北为金龙，南为凤，龙凤二山呈吉祥。"当地人认为："北有白龙吐泻，南有凤凰展翅，西有三角马场，东有群山夹月"，称此为"四有之环境"。

图 8-21　山西省泽州县大阳镇以商业街为主的格局形态

当地民谚说：东西两大阳，南北四寨上，沿河十八庄，七十二条巷，老街五里长。生动地说明了整个大阳镇的格局情况。其中，老街及与之相连的众多"巷"构成了大阳格局的基本骨架，而沿街布置的鳞次栉比的商铺，则在诉说着这里曾经的繁华。

图 8-22　山西省沁水县郭壁北村以商业街为骨架的格局形态

髓。良好的景观使村落在近耕地、靠水源的基础上又获得了优美的环境和适宜居住的小气候（图8-19、图8-20）。

此外，商业交通也对古村落的选址产生了不可忽视的影响。如泽州县大阳镇西大阳，就是在通向东大阳的古道边逐渐发展起来的；沁水县郭壁北村，也沿着沁河边的古道依次展开。

## 街市相望

沁河中游古村落普遍为集中布置的团状村落，但由于自然条件、规模及村落自身社会结构等方面的差异，它们仍具有较为多样的格局形态：远离交通干线的山地村落一般规模较小，受山地地形的限制，其住宅分布相对分散，街巷也不发达；处在开阔地带的村落则通常规模较大，街巷较为发达，多在主要街道和次要街道衔接处设阁，夜里可以关闭巷门，必要时还可以派人值守。

需要说明的是，由于沁河中游地区山多地少，较大的村落一般处在河谷地带，与沿河分布的商道关系密切，因而，它们不但是一定区域内的中心村落，而且还因服务过往客商或满足地方社会定期商品交换的需要而进一步发展出了商业街或集市街，从而成为该地区村落的典型代表。这些村落内的商业街或集市街，通常较宽，且有沿街密集排列的商铺，通常作为村落的主要街道，使所在村落形成以商业街为主的格局形态。典型的如泽州县大阳镇，东大阳和西大阳两部分由一条

古商道顺次连接起来，沿街市肆鳞集，形成主要街巷商业街，次要街巷多垂直于商业街分布，主要街巷和次要街巷连接处则普遍设券洞门和阁，整个格局清晰明确（图8-21）。再如沁水县嘉峰镇郭壁北村，主要街道商业街自南至北从村东部穿过，次要街巷均东西向布局，顺次与主要街巷相接，形成典型的"梳式"布局（图8-22）。

## 堡寨设防

传统社会本身就是动荡不安的，而且，在商业交通发达的明清时期，这些村落更容易受到来自外部的威胁。对付普通的匪盗，封闭性较强的街巷和院落就足以起到相应的作用，但是，要应付明末农民起义军这种有组织的侵扰，就必须另谋良策了。

明天启七年（1627年），陕西的农民起义燃起了社会动荡的烽火。为避免侵扰或减少损失，有相当一部分村落建设了防御堡寨。如沁水县窦庄村，明天启三年（1623年），曾任南京兵部尚书的张五典告老还乡后，因其在山东等地任职时与匪盗周旋的经历，"度海内将乱"，即未雨绸缪，决定修建高墙深堡以卫安全,待明崇祯三年（1630年）农民起义军王嘉胤部至此"打粮"[①]时，确实发挥了大作用，王嘉胤"率六千余人犯窦庄"，"环攻之"，无奈"堡中矢石并发"，王嘉胤"伤甚重，越四日乃退"[②]，只得转而流向其他村落。

之后，沁水县湘峪村、阳城县润城镇、北留

---

① 明末农民起义军在初期并未提出明确的政治口号，其四处扰掠只是为了生存，故自称"打粮"。
② 清光绪《沁水县志》（卷九），"兵燹"条

图 8-23 山西省阳城县郭峪村堡墙

郭峪的堡墙"内外俱用砖石垒砌，计高三丈六尺，计阔一丈六尺，周围合计四百二十丈。列垛四百五十，辟门有三，城楼十三座，窝铺十八座，筑窑五百五十六座。望之屹然干城之壮也。"①不仅规模宏大，而且用时很短，尚不满一年。值得注意的是，窦庄、郭峪、湘峪等村倡修或主持堡寨建设的主要人物，都和军事部门有关。从这个角度看，郭峪的堡墙修建得如此迅速、如此完备就不难理解了。

镇郭峪村（图 8-23、图 8-24）、中道庄（今皇城村）（图 8-25）陆续建设了坚固高大的堡墙，其中郭峪村和中道庄还建设了远眺敌情和据守待援的望楼"豫楼"、"河山楼"等，农民军攻打至此时，确实得以保全族人的性命。如中道庄的河山楼，尚未竣工就发挥了作用："……至七月砖工仅毕，卜十之六日立木，而十五日忽报贼近矣。楼仅有门户，尚无棚板，仓惶备矢石，运粮米、煤炭少许，一切囊物俱不及收拾，遂于是晚闭门以守，楼中所避大小男妇约有八百余人。次日寅时立木……届辰时，贼果自大窑谷堆道上来。初犹零星数人，须臾间，赤衣遍野，计郭峪一镇，辄有万贼。到时节劈门而入，掠抢金帛。因不能得志于楼，遂举火焚屋……寇仍日夜盘踞以扰，至二十日午后方去"，待"至冬月而楼乃渐就绪，且置弓箭、枪、铳，备火药，积矢石。十月内贼连犯四次，将薪木陆续尽毁，期弟率人护守，毙贼于矢石下者多人。数次所全活者不啻万计……"。②"寇连犯五次，终不能得志。族戚乡邻，所全活者约有万人"。③

在与农民起义军的周旋中，当地人逐渐发展

---

① 张鹏云。郭谷修城碑记（明崇祯十一年（1638年）），[M]／／王小圣，卢家俭主编。古村郭峪碑文集。北京：中华书局，2005：21。

② 陈昌言。河山楼记（明崇祯七年（1634年）），[M]／／栗守田编注。皇城石刻文编，1998：54—56。

③ 陈昌言。斗筑居记（明崇祯七年（1634年）），[M]／／见栗守田编注。皇城石刻文编，1998：59—60。

出了一整套抵御侵扰的防御方法，形成了堡、寨、楼设防和地道逃生相结合的防卫体系。

图 8-24 山西省阳城县郭峪村豫楼

图 8-25 山西省阳城县皇城村堡墙及河山楼

在明末的社会动乱中，皇城村陈家借河山楼之利而幸免于难。一座楼虽能保护家族生命安全，但毕竟空间有限，无法顾及与生产生活密切相关的生活物资和牲畜等财产。村人陈昌言痛感"粮粮、包裹不能多藏，至于牛马诸畜，无可躲遁，每遭杀掠。"于是"日夜图维，思保障于万全。以为筑楼既有成效，则筑堡之效较然可知。"[1]经多方努力并仔细筹划，终于筑成堡墙。

## 村必有庙

传统社会高度依赖自然条件，遇到水灾、旱灾等自然灾害，又缺乏有效的应对手段；民间社会又经常缺医少药，遇到生病、瘟疫等突发状况时，则往往束手无策。因此，在思想意识领域，形成了信仰多而且杂的状态；在村落建设方面，则形成村必有庙的现象，有的村落甚至有十数座庙。清代时的沁水人李麟伍曾在论述这种现象时说："自京师及各直省，各府、州、县、乡，城郭、营卫、镇堡，八方四鄙，荒村曲巷，人民所聚居，莫不各有神庙。"[2]而且庙宇的名目繁多，典型的有汤帝庙、崔府君庙、关帝庙、东岳庙、龙王庙、玉皇庙、吴神庙、祖师庙等，不一而足。

除了数量多，每个古村落中还都有一座被村里人称为"大庙"的庙。所谓大庙，并不是特定的某一种庙，也并非仅是规模相对较大，而是在信仰实践、公共生活等各方面均成为村落中心的庙，一般历史较为悠久，且往往占据村口等显要位置，建筑形式、色彩等方面均较华丽，明显区别于民居建筑。如郭峪村汤帝庙，始建于元代至正年间（1341～1369 年）[3]，明清时期，每年春秋两季，全村都要齐集于此行春祈秋报的传统

① 陈昌言．斗筑居记（明崇祯七年（1634年）），[M] //栗守田编注．皇城石刻文编，1998:59-60。

② 李麟伍．重修仙师庙碑记（清咸丰三年（1853年）），[M] //晋城金石志．北京：海潮出版社，1995:825-826。

③ 陈昌言．郭谷镇重建大庙记（清顺治九年（1652年）），[M] //王小圣，卢家俭主编．古村郭峪碑文集．北京：中华书局，2005:67-68。

敬神礼仪，仪式过后，则于正殿前的戏台演剧酬神。若村里发布乡规民约，则通常会选择刻碑立于大庙，也凸显了大庙在古村落中的中心地位。如泽州县西大阳村，清乾隆元年（1736年），为防止"穿凿窑口"而损伤香炉山这个东大阳、西大阳共同关心的"地脉"之源，当地村民遂公议禁止开窑，并在大庙汤帝庙中立禁约碑一块（图8-26）。同样，沁水县郭壁村崔府君庙、泽州县大东沟镇东沟村白龙王庙、沁水县西文兴村关帝庙、泽州县周村东岳庙等大庙均是村落精神生活和社会公共生活的中心（图8-27）。

图8-26 山西省泽州县西大阳村落中央的汤帝庙
在宋元时代，这座汤帝庙应是西大阳村的北侧边界，庙北即是通往东大阳的主要道路。明代以来，在工商业发展的背景下，因对交通的依赖增强，村落逐渐向北扩展，形成以商业街为主的格局形态。同时，人口大量增加，新的居住院落又在新的街巷格局的基础上扩展出来，于是，汤帝庙就变成了一座处在村落中心的庙。

图8-27 山西省沁水县西文兴村村口的关帝庙
西文兴村关帝庙是村里的主要公共建筑，处在进村道路的末端、村口高阁外面西侧，与村内的居住空间保持了一定的距离，突出了祠庙建筑的神圣性质；同时，该庙前临深涧，在不断维护庙宇的同时也起到了防止村前地形地貌在山洪冲击下发生较大改变的作用，对保护村落的格局具有较大作用。

## 栖居有楼

在独特的自然条件，长期的农耕生活，特定的家庭、社会结构和文化教育的熏陶渐染等多方面因素的共同作用下，泽州地区逐渐形成了特定的居住方式，并凝练成了独特的居住建筑类型，其中最具典型意义的就是"四大八小"。

所谓"四大八小"，是由正房、东西厢房、倒座等"四大"和依附于"四大"两侧的耳房、厦房等"八小"共 12 座互相连缀的单体建筑共同围合而成的方整一进四合居住院落。其中，"四大"容纳居住等主要使用功能，"八小"则承担储藏、交通联系等次要功能。因一般正房及倒座房两侧各带两个耳房，东西厢房两侧则各带厦房

以联系厢房与耳房，故也被称为"四大四小四厦房"（图 8-28）。

若不建倒座房及其耳房及厢房外侧的厦房，用围墙和尺度较小的大门来围合院落，则形成后高前低、后封闭前开敞，形似簸箕的院落，故得名簸箕院。这种院落占地面积较小，能够更好地适应该地区的山地环境，而且，它既可以单独成为一个独立院落，也可以被灵活地组织进多进院落中，因此，成为该地区的典型民居类型之一（图 8-29）。

在四大八小或簸箕院的基础上加高耳房，即形成耳房高挑而正房偏低的"插花院"，其高耸的耳房兼有瞭敌、避难等防御功能，同时也是家族重视文化教育的标志，被用来寄托对于家族中

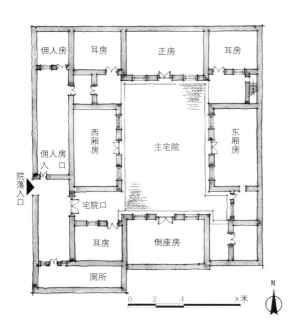

图 8-28 山西省泽州县西黄石村成满昌"四大八小"院

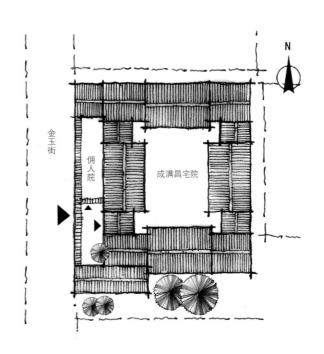

图8-29 山西省泽州县石淙头村"四大八小"及"簸箕院"建筑群
"四大八小"和"簸箕院"是沁河中游地区居住建筑的基本单元，既可单独成院，又可加以连缀组合形成组合院落。组合之后的大型院落群中仍充分保留基本单元的独立性，可以适应不同地形条件和不同规模的要求。以基本单元和组合院落构成的村落，主次突出，肌理清晰，格局明确，具有很强的秩序感。

图8-30 山西省沁水县湘峪村插花院王家大院

子弟科举高中、功成名就等美好愿望（图8-30、图8-31）。

一些官宦之家和巨商大贾则常营造规模宏大的宅第以彰显其身份地位。这些宅第不但规模较大，且布局严谨，功能完备，建筑工艺技术水平高，建筑装饰丰富而精美。在建筑形制方面，既有多进或多进又多路的大型院落，也有由"四大八小"、"簸箕院"等形制规整的单院所组合成的"棋盘院"。其中，多进院落往往于大门外设照壁，内设厅房、仪门或花墙影壁分割和联系前后院落；多进又多路的院落，则以箭道联系各路多进院落，箭道端头设巷门、堡门或在外侧单设围墙及堡门

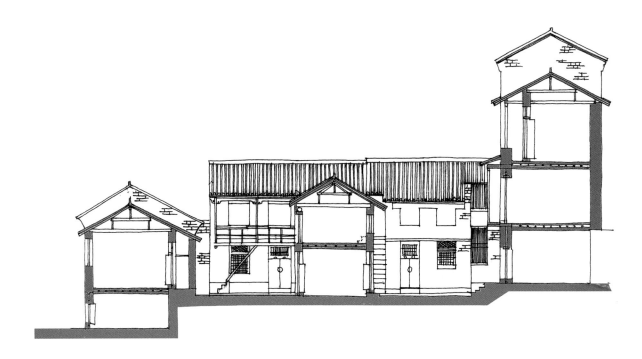

图 8-31　山西省沁水县湘峪村王家大院组群纵剖面图
在充分适应地形特点的基础上，王家大院以其条理分明的组织方式、高低错落的单体体量和虚实对比强烈的处理手法营造出了丰富多变的院落空间，在建筑艺术方面也取得了较高的成就。

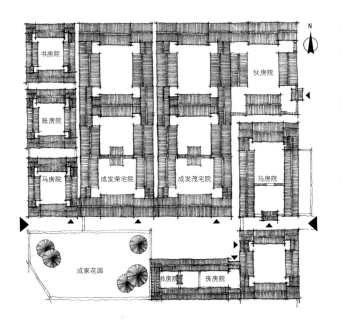

形成防御体系。在功能配置方面，除位于组群内部、供主人居住的主院外，外侧一般还会集中布置书房、马房、厨房、磨房、雇工房等服务用房和大门等防御设施（图 8-32）。

无论何种规模或形制的居住院落，除辅助用房外，其构成要素主要是"楼"，楼居是沁河中游地区居住的主要形态。

图 8-32　山西省泽州县西黄石村成家兄弟院复原总平面图
成家兄弟是西黄石村的巨商大贾。相传哥哥在外经商，将修建宅院一事全权交给弟弟处理，弟弟却不厚道，将自家宅院修建得华美壮观，却将哥哥的宅院修建得相对朴素。哥哥没有为难弟弟，其后人也恪守先业，经营有道，并形成了良好的家风，至今仍兴旺发达。弟弟的后人却骄奢淫逸，逐步没落。

## 装饰传情

图8-33 山西省沁水县西文兴村"中宪第"木雕

图8-34 山西省沁水县西文兴村"行邀天宠"院大门木雕博古

图8-35 山西省泽州县西黄石村某宅"凤戏牡丹"木雕

深厚的文化积淀和因工商业的发展而日渐丰厚的财富，显著提升了该地区的艺术水平和欣赏能力，并鲜明地表现在建筑装饰艺术方面：木雕、石雕、砖雕艺术发达，铁艺也大放异彩，就连最普通不过的灰瓦，也被赋予艺术的生命力而形成别致的瓦饰。古村落中随处可见的这些富有时代气息、生活情趣和艺术情操的雕饰，不但凝结了古代匠师的辛勤劳动和艺术关怀，而且为古村落赋予了恒久的生命力，使这些穿越数百年历史长河而来的古村落依然具有打动人心的精神力量。

其中，木雕多施于月梁、斗栱、栏杆、雀替、垂柱、门窗槅扇等部位，是使用最广泛、表现方式最多样化的装饰形式。根据施用构件的尺度、形状及其结构作用的不同，木雕可为浅浮雕、高浮雕乃至镂空成透雕，题材内容则以花卉、博古、仙禽瑞兽、福字、寿字、卍字等为主，以表现祥瑞、繁荣、和谐的安乐景象，表达子嗣连绵、家族发达的愿景（图8-33～图8-35）。

石雕则多用在窗台石、门槛石、门窗过梁、柱础、抱鼓石等部位。通常情况下，这些部位的石雕距离观察者较近，不但可看，且可触摸，因此，在雕刻手法上，以高浮雕为主，无论是花草还是仙禽瑞兽，均具有较强的立体感；在雕刻内容方面，则以生动的场景为主，"喜鹊登梅"、"狮子滚绣球"等题材频频出现；雕刻也普遍较为精细，所刻动物形象有动作、有表情，所刻花卉则花瓣分明、花蕊判然，整体上营造出了生动活泼的艺术氛围（图8-36～图8-39）。

图 8-36 山西省高平市大周村秦家大院及焦家大院窗台石石雕

图 8-37 山西省泽州县大阳镇西大阳君泰号院门槛石石雕

图 8-38 山西省泽州县大阳镇霍家院门槛石石雕

图 8-39 山西省阳城县皇城村柱础石石雕

图 8-40 山西省高平市良户村侍郎府影壁砖雕

图 8-41 山西省泽州县大阳镇西大阳赵知府院照壁砖雕细部

砖雕常用在影壁、砖砌大门等单体建筑以及木构建筑的墀头、博风等部位，尤以影壁最为集中。影壁芯是砖雕的重点部位，所施雕刻最为华丽，有的还雕刻出大幅面的宏观场面（图8-40），夔龙、麒麟、凤凰、牡丹、松、鹤、鹿等祥瑞题材最常出现。此外，影壁还常常做仿木构的砖雕，不但将斗栱、梁枋、垂柱等结构构件用砖雕仿出来，有的甚至连木雕也用砖雕仿做出来（图8-41）。

因该地区自古即擅长冶铁，铁艺也发展成为建筑装饰的一个重要类别，常用于住宅的门。通过长时间的艺术淘洗，铁艺充分发挥了自身材质在表现平面图案方面的特长，形成了较为丰富的表现形式，圆形、方形甚至动物形象均较为常见，表现福、寿、禄等题材的图案被广泛使用，形成了独特的装饰艺术形式（图8-42、图8-43）。

有的村落中，瓦也被创造性地用作装饰。如

沁水县郭壁北村三槐里王家祠堂的外墙上，用瓦写出了"忠"、"孝"二字，正与祠堂的题旨相合；而泽州县周村宜西园的院墙上，墙体留白形成了"石榴"的外壳，而筒瓦被一块一块规则地码砌在其内部，形成"石榴"的"子"，整体形象生动，则更显匠心独具（图8-44）。

建筑装饰整体上所具有的祥瑞意向为古村落营造出了一幅幅繁荣、安乐、幸福可期的欢乐景象，充分表达了人们对村落生活的满足。更重要的是，寓于各种艺术形象中的追求和谐、富足、高尚的意图和追求家族繁衍、生生不息、传承永续的理念被反复地表现和陈述，生活于其中的人们，于此艺术的熏陶渐染中，自然地完成了文化的传承。

图8-42 山西省高平市良户村铁艺

图8-43 山西省高平市大周村铁艺

图 8-44 山西省泽州县周村宜西园瓦饰“石榴”

只要施以艺术的匠心，即便是最普通不过的材料，也能幻化成令人赏心悦目的艺术形象。周村宜西园的这处瓦饰，采用透空的处理方式，通过与周围大片实墙的强烈对比而突出了整体石榴形象的造型轮廓，并通过规则排列的筒瓦呈现出籽粒饱满的形态，成功地将蕴于其中的子孙兴旺的愿望通过艺术形象表达出来。

# 第九章

## 青山绿水围龙屋，梅州传统村落

截至 2015 年年底，梅州市域范围已经有 39 个村落被公布为中国传统村落。这些村落多是聚族而居，具有强烈的宗族观念。从中原迁移而来的客家人，在其迁移过程中，想必需要克服很多艰难困苦，这时，寻求同宗血亲的帮助是非常自然的选择，宗族的团结显得至为重要。梅州客家民居的形式非常丰富，常见的就有围龙屋、杠屋、堂屋（堂横屋）、围楼（方楼或圆楼）等。其中，围龙屋最富有特色，与闽西南土楼、赣州围屋并称为客家三种最典型的民居形式。

## 客家梅州

客家是汉族一个独特的民系，主要分布在粤闽赣交界地带，即所谓"客家大本营"。关于客家的源流，目前还是有较多争议，主要有南迁说、土著说和融合说。所谓"南迁说"，就是认为客家主体为北方南迁的中原汉人移民；而"土著说"则认为，客家的主体是生于斯长于斯的本地人；"融合说"则认为客家是南迁汉人与土著的畲族、瑶族等融合后形成的。目前，"融合说"得到学界较多认可，即认为长期以来，南迁的汉人和当地土著的畲族、瑶族共居一地，相互影响、相互渗透、相互融合而形成的。"客家人"之称呼，就是这些新迁来的居民，相对于原住民而言的，故得名。

粤东的梅州是客家人的主要聚居地之一，被誉为"客都"[①]。明清时期，梅州的发展，突出表现在两个方面，即文化的繁荣和商业的兴盛。

梅州向来崇尚文化，重视教育。早在宋代，这里的文化教育就已经开始兴起，逐渐形成了读书之风气。南宋人王象之编的《舆地纪胜·梅州》中载："梅人无产植，恃以为活者，读书一事耳"，可见，当时很多人靠读书为业。到了明清时期，特别是清代，文化教育更为兴盛，读书成风。清雍正十年（1732 年），广东总督鄂弥达在其奏疏中称："程乡一县，蒙圣朝德教覃敷，文风极盛。每科乡会，中式通省，各地罕出其右"。就是相对偏僻的大埔县，也是私塾遍地，教育非常发达。乾隆九年《大埔县志·风俗》中载："至于蒙馆（指私塾，笔者注释），则虽有三家之村，竹篱茅舍，古木枯藤，蒙耳掩映，亦辄闻读书声琅琅"。其中提到，只有三家人口的小村，都有私塾，可见教育普及之程度。乾隆二十二年，朝廷派来广东督学的状元吴鸿也称："嘉应之为州也，人文为岭南冠"[②]。乾隆《嘉应州志·风俗》记载当时："士喜读书，多舌耕，虽困穷，至死不肯辍业"。

明清之时，梅州社会相对稳定，经济逐步发展，人口快速增长。乾隆《嘉应州志》载："今皆开辟，瘴雾全消，岭以北人，视为乐土"。可见，这时的梅州人居环境已经大为改善，被视为"乐土"。但随着人口的增加，人地矛盾逐渐开始凸

---

① 梅州曾名敬州，但在宋开宝四年（公元971年），因避宋太祖祖父赵敬之讳，改"敬州"为"梅州"，"梅州"的名称即始于此。明洪武二年（1369年），废梅州为程乡县。清雍正十一年（1733年），程乡升为"嘉应州"。宣统三年（1911年），嘉应州复名梅州。
② （清）黄香铁《石窟一征·卷二·教养》。

显，越来越多的客家人不得不开始转变观念，离乡背井，到各地经商。嘉庆《大埔县志》载"土田少，人竞经商，于吴、于越、于荆、于闽、于豫章，各称资本多寡，以争锱铢利益，至长治甲民名为贩川生者，则足迹几遍天下矣"。咸丰《兴宁县志》记载当时的兴宁人，"商贾大列肆，小负贩终日营营，作客者多贸易于川、广、湖、湘间"。民国《大浦县志》中也有相关记载："山多田少，树艺无方，土地所出，不给食用。走上川，越重洋，离了井，背父母，以薪补救。未及成童，既为游子，比比皆是"。清中叶后，很多客家人甚至离乡背井，远赴海外经营商业，获得不菲的收入。中国传统文化重视叶落归根，这些外出的人所积累的财富，最后都会汇聚于梅州，促进梅州经济的发展和建设活动。

## 聚族而居

一方水土养一方人，一方水土和一方文化，也形成一方之村落形态。梅州的村落特征，大致可以归纳为以下几点：

首先，村落小且分散。这主要是由当地地形地貌决定的。梅州岭谷相间，谷地狭小，河流交错，山地和丘陵约占80%，素有"八山一水一分田"之称，耕地较少而分散。乾隆《嘉应州志·山川》云："（嘉应）近江西之赣州，故其地独多山周罗森列者，不尽可名也"，亦载："嘉应无平原广陌，其田多在山谷间。高者，恒苦旱；

下者，恒苦涝"。由于这里盆地狭小，土地资源有限，很难承载规模很大的村落，时常会造成宗族的不断裂变分支。每个宗族发展到一定规模，随着人口的增加，周边的土地会越来越紧张，这时，宗族会动员部分成员外迁，在祖屋的附近或较远的地方修筑住宅，所谓"僅守田园，终非长策"。但是，家族的各房表面上分家了，不在一个大宅里居住，但维系宗族的中心还在，如每年祭祖，都会回到祖屋举行。

其次，多选址于山根。梅州的村落选址多背靠青山，面向田园，又以东坡和南坡居多，有利于获取阳光、阻止西北风。没有选址于坡度较陡的地方，是因为这些地方不利于建设；没有选址于平坦的地方，是因为这些土地适用于耕种；之所以选址山根是因为这样的选址，既有利于保护耕地，也有利于规避洪水灾害。

其三，住屋规模较大。罗香林（1906～1978年）在《客家研究导论》中概括客家人，"以为非族大人众，互相守助，不足抵抗外辱，竞争生存。唯其有此环境，故于屋宇及祖坟的建筑，亦不能不特别讲究。其经营屋宇，地必求其敞，房间必求其多，厅庭必求其大，墙壁务极坚固，形式务极整齐，其著名的，往往有房子四五百间，能住男女四五百人；求之其他各地，真不易看见这类大屋"[①]。这些大屋，一般兼有住宅和祠堂之功能。由于梅州客家村落中一般没有独立的宗祠和支祠，祠堂融合于住屋中；各种独立的庙宇也很少，规模也较小，也很简陋，所以，整个村落，

---

① 罗香林著。客家研究导论 [M] 。台北：台北南天书局有限公司，1992：179-180。

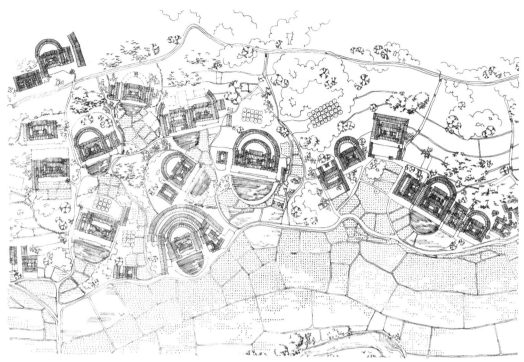

图 9-1 梅县桥乡村局部平面

该村由寺前、高田、塘肚三个自然村组成。

（摹自：《住宅》（上） 第 90 页）

图 9-2 梅县桥乡村局部

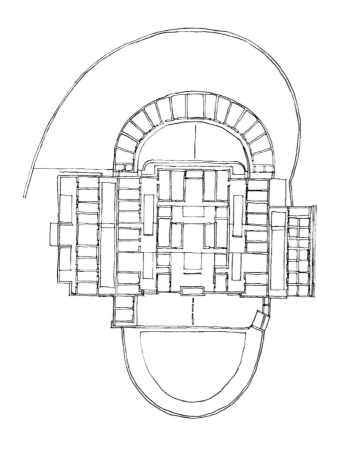

图 9-3 梅县白宫富良美村棣华居总平面图
（引自：《中国客家建筑文化》第 208 页）

几乎都是由大型住屋组成的。

其四，村落分布分散。住屋之间有较大的距离，稀稀疏疏，住屋和田园、山野穿插在一起，没有街巷。住屋之间之所以要隔开一定的距离，主要是考虑到随着家族人口的增加，往往需要扩充。扩充的方式就是添建横屋，这就要求不同住屋之间，留出较多空间。

如梅县的桥乡村就是典型的客家村落，位于三星山的北麓，面朝北方，前有大量农田，农田北面有高低起伏的小高地。为了节省宝贵的耕地，住宅紧靠山脚修筑。三星河（又叫渐河），流向东南方向，蜿蜒于田畴之间。村落保留着"山－村－田－水"的传统格局。现存有近百座传统住屋，多背山面田。这些住屋规模较大，自成宗族聚居单元。各住屋之间相隔较远的距离，疏疏朗朗，其间为果园、菜地以及池塘。由于各座住屋之间的距离较远，所以没有形成街巷。村内的道路曲折婉转，主要用鹅卵石铺砌（图 9-1、图 9-2）。

## 围龙屋

根据统计，梅州现存的围龙屋在一万座以上[①]。如梅县白宫富良美村棣华居（图 9-3）、梅江区龙上村义孚堂（图 9-4）、约亭村永鑫庐、三角村继善堂（图 9-5）等，都是典型的围龙屋。

围龙屋一般由前、中、后三部分组成，即前面的禾坪和水塘、中间的堂横式合院、后面的半圆形围屋等。

围龙屋最前面是禾坪和水塘。禾坪位于主屋门前，其主要功能是晾晒粮食，有时也作为公共活动空间，如年节时舞狮耍龙灯等活动就多在这里举行。有些禾坪周围砌以高墙，在两端各开大门，叫做"斗门"。禾坪前往往有水塘，多呈半圆形，主要作用是洗衣涮菜、放养鱼虾、浇灌菜地和蓄水消防等。这些水塘多是由人工挖掘而成，其挖出的泥土还可以用作砌筑房屋墙体的材料。

① 梅州市城乡规划局主编.梅州古民居·梅州古民居概述 [M].汕头：汕头大学出版社，2012.

图 9-4 梅江区龙上村围龙屋鸟瞰图

图 9-5 梅江区三角村继善堂鸟瞰图

图 9-6 梅县桥乡村德馨堂
为两堂两横两围龙屋，建于民国 6 年（1917 年）。

　　围龙屋的中间部分是堂屋和横屋。堂屋位于中轴线上，高大宽敞，属于公共空间和仪式空间，其主要功能是祭祖、拜神、宗族议事等。除此之外，日常生活中的婚庆喜事、长者做寿、新丁满月、治丧守灵等也多在这里进行。根据堂屋之多少，可以分为"两堂"或"三堂"，以三堂最为常见。如果是三堂，则从前到后依次称为下堂、中堂和上堂，各堂之间以天井隔开。下堂通常是门厅，是出入住宅的通道。中堂是族人聚集议事的地方。上堂是供奉祖先之地，故又称为祖堂，设有祖龛，是围龙屋最神圣的地方。族人每年都会在特定时

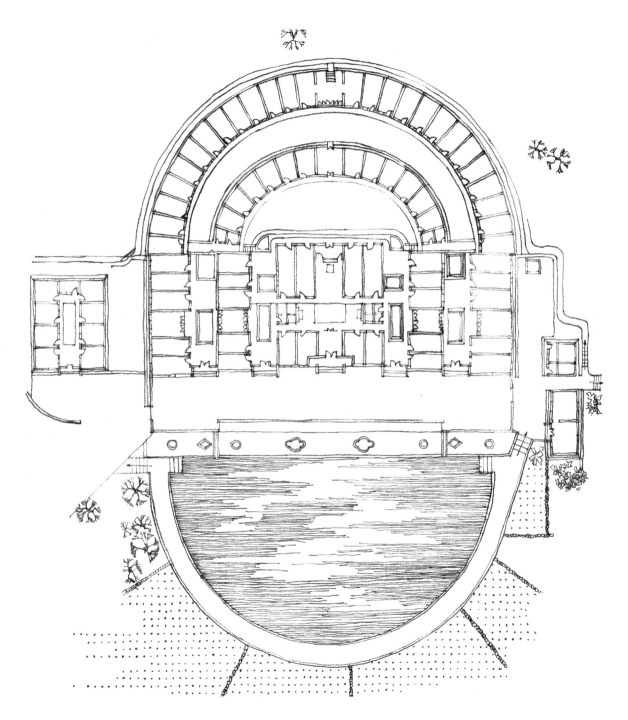

图 9-7 梅县桥乡村德馨堂平面图
中轴线上从前到后依次有半月形水塘、门坪、堂屋、化胎、围龙等。
（引自：《中国客家建筑文化》第 198 页）

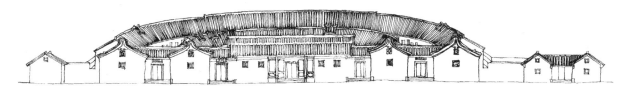

图 9-8 梅县桥乡村德馨堂正立面图
（引自：《中国客家建筑文化》第 198 页）

图 9-9 梅县桥乡村德馨堂剖面图
（引自：《中国客家建筑文化》第 198 页）

间于此举行拜祭。这三个堂的功能有所区别，等级不尽相同，其进深也往往会有所差别。一般上堂的进深最大，其次是中堂，然后是下堂。但前后堂屋的面宽通常一样，或三间或五间，其中以五间居多。当然，也有超过五间的，如桥乡村的潘氏老祖屋就多达十一间，这属于特例。

横屋位于堂屋的左右两侧，沿前后方向排列，大多为居室，也有用作厨房的。如果是每侧各一排横屋的，称为"两横"；每侧两排横屋的，称为"四横"。和堂屋一并考虑的话，则围龙屋常见的形式是"三堂两横"，也有"三堂四横"或"三堂六横"等格局。

围龙屋最后面的部分为围屋，为半圆形分布。围屋两端与横屋相接，拱卫于上堂之后，故得名"围屋"。围屋主要为服务性空间，如厨房、厕所、磨房、柴草房、农具房等。每间围屋的开门方向

图 9-10 梅县桥乡村德馨堂的第二围

均对着上堂。围龙一般为一围，也有多达二三围，甚至五围的。多围的围屋，往往不是一次建成的，而是随着人口的增加，陆续修建的。民间多认为，每增加一代人，就增加一围，以满足宗族的发展。当然，在现实中，还得根据家族的人丁衰旺情况而确定。每圈围屋大约有房间 20 ~ 40 余间不等。

图 9-11 梅江区东升村马鞍山大叶屋化胎

图 9-13 梅江区上坪村化胎

图 9-12 梅江区三角镇三角村继善堂化胎

图 9-14 梅江区上坪村敏毅公祠化胎

如果是一围，则最高处位于中轴线上的那间房屋叫"龙厅"。龙厅的空间比别的房间宽敞，不能有开向后面的门，不准住人，不放东西，以避免压住龙脉。如果是多围的，则最外面一围的中间一间才叫做龙厅，其余几围中间一间为穿堂。如梅县桥乡村的德馨堂，建于 1917 年，两堂两横，其围屋就是有前后两围（图 9-6 ～图 9-10）。

围屋是围龙屋最为明显的特征，和其他汉族民系的民居形式有很大差异。那么，为什么客家围龙屋要设围屋呢？有一种解释认为，围屋的产生与其地形有密切的关系。本来，围龙屋后面是没有围屋的，但由于这些民居为了节省土地，多建于山根，经常会受到山上雨水的侵袭，为了避免雨水的冲击，就在住屋后面修建了八字形的水沟，将水引向两侧，并修建挡水墙。后来，又在挡水墙汇水处修建房屋，这样，就形成了围屋。

围屋和堂屋之间的地面为"化胎"，客家人又称之为胎土、花胎、花头等。化胎既不是平地，也不是斜坡，而是中间凸起的斜面体，其平面为半圆形或近似半圆形。据说是模仿女性的腹部造型，象征着大地母亲的子宫，有化育万物的意思。民国16年（1927年）秋刊印的《兴宁东门罗氏族谱·礼俗·居室》中载："化胎，龙厅以下，祖堂以上，填其地为斜坡形，意谓地势至此，变化而有胎息"。早期的化胎强调神圣性，人不能随便进入。到了后期，化胎逐渐世俗化，甚至变成晾晒衣服、儿童游戏或日常交往的场所，但小孩仍从小就被告诫不得在这里拉屎撒尿。这说明即使到了现在，仍保留了一定的神圣性。化胎的地面不用石块或三合土覆盖，而是采用类似鹅卵石的小石头铺砌。据说这些繁密的鹅卵石，象征着宗族繁衍兴盛、人丁兴旺、子孙满堂。如梅江区东升村马鞍山大叶屋化胎、上坪村某围龙屋化胎、三角村继善堂化胎、上坪村敏毅公祠化胎

都采用鹅卵石铺砌（图9-11～图9-14）。此外，上堂与化胎之间往往有一条沟，用于排从化胎流下的水，以避免浸入正堂。

围屋的后面一般会有一片树林或竹林，可以防止山后水土流失，也可减缓冬季北风侵袭。如是树林，则一般选用梓木，"梓"和子谐音，代表多子多孙；如是竹林，则一般选凤尾竹，"凤尾"谐音"封围"。由于这片树林或竹林的浓密苍翠，往往代表着本族的无限生机、蓬勃兴旺，所以，只许栽培，不许砍伐，甚至不准闲人随意出入。

堂屋和化胎之间的石坎上，面向上堂的中间，一般会有五块石头，民间称之为"五星石伯公"，代表五行，即金木水火土。这五块石头以不同的形状相区别，排列顺序没有固定的模式，但中间的石块一般代表土，往往体积稍大，位于整个围龙屋的中轴线上（图9-15）。

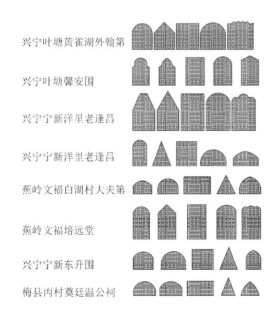

兴宁叶塘黄雀湖外翰第

兴宁叶塘馨安围

兴宁宁新洋里老逢昌

兴宁宁新洋里老逢昌

蕉岭文福白湖村大夫第

蕉岭文福培远堂

兴宁宁新东升围

梅县内村奠廷温公祠

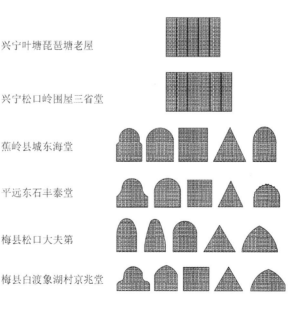

兴宁叶塘琵琶塘老屋

兴宁松口岭围屋三省堂

蕉岭县城东海堂

平远东石丰泰堂

梅县松口大夫第

梅县白渡象湖村京兆堂

图9-15 围龙屋的五行石图像
（引自：《围龙屋建筑形态的图像学研究》第128页）

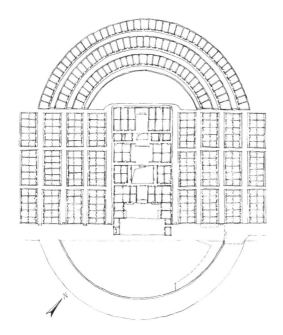

图 9-16 梅县丙村仁厚温公祠平面图
共有房间 300 多间,规模宏大。
(引自:《中国客家建筑文化》第 195 页)

图 9-17 梅县桥乡村南华又庐
建于光绪三十年(1904 年)。

围龙屋一般依山而建,前高后低,即围屋高于上堂,上堂又稍高于中堂,中堂稍高于下堂。另外,堂屋高于横屋,两侧横屋亦从中间向外逐渐降低。龙厅的屋脊一般为整个围龙屋的最高点。这种前高后低的形式,一方面是视觉心理需求,寓意"步步登高",另外一方面也是排水的需要。

就功能分区而言,中轴线上从前到后依次而设的水塘、禾坪、堂屋、化胎以及龙厅,都属于公共空间;前后左右则主要为生活空间,如卧室、水井、厨房、厕所、仓库等。每个小家庭的房间,分散在横屋和围屋的不同地方。一座围龙屋中,往往有着众多的厨房,因为客家人多"分炊分灶"。

从空中鸟瞰围龙屋,或从平面图看围龙屋,由于前后是两个半圆形(即水塘和围屋),故整体呈现椭圆形的形态。在围龙屋中,一般堂屋的规模不变,但随着人口的增加,横屋和围屋可以扩充增建。围龙屋大小不一,有的居住一个家族十几户,也有的几十户,甚至有的达上百户。一般占地 5000 ~ 6000 平方米,规模大者则占地达 20000 平方米以上。如梅县丙村仁厚温公祠为"三堂八横三围",共 395 个房间,占地 2 万余平方米(图 9-16)。梅县桥乡村的南华又庐占地也达一万多平方米(图 9-17)。

## 堂横屋、杠屋(楼)和围楼

梅州的传统民居,除了最具特色的围龙屋外,还有堂横屋、杠屋(楼)、围楼等常见的民居形式。

所谓堂横屋,简单地说,就是后面没有围屋的围龙屋,即由中轴线上的堂屋和两侧横列的

图 9-18 梅县茶山村振华楼
建于清光绪十五年（1889 年），二堂二横。

图 9-20 梅县茶山村云汉楼前侧

横屋组合。横屋多为对称式布置，根据横屋的数量，可分为双横屋、四横屋、六横屋等。如梅县茶山村的振华楼、大夫第、云汉楼就是典型的堂横屋，这三个堂横屋均建于清末，其中振华楼和云汉楼为"二堂二横"，大夫第为"二堂四横"（图9-18 ～图9-20）。

所谓杠屋（楼），就是由几列"横屋"纵向排列而成，山墙朝前，因其平面形似杠杆，故称

杠屋（楼）。如果把"堂横屋"中的"堂屋"弱化，突出"横屋"，就形成了杠屋（楼）。一层者，称为杠屋；两层者，就叫杠楼。有几个横屋，就叫几杠。最少有两杠，多者至八杠。一般以复数形式出现，也有的为单数。每一杠，实际上就是一个居住单元。杠屋（楼）中的堂屋位于中间的两杠之间，规模远小于堂横屋中的堂屋，但必须正对大门，保持了其明确的方向性。建造之时，根

图 9-19 梅县茶山村大夫第（右）和云汉楼（左）
大夫第建于清光绪二十六年（1900 年），二堂四横；云汉楼建于清宣统二年（1910 年），二堂二横。

图 9-21 梅县茶山村稻香楼
建于民国初年,二层四杠楼。

图 9-22 梅县茶山村同德楼
建于民国 9 年(1920 年),二层七杠楼。

图 9-23 梅县桥乡村潘氏承德堂
建于民国元年（1912 年），五杠楼。

据经济条件，一般先建造一杠或两杠，留出空间，待经济条件许可，再扩充杠数。这种杠屋（楼）的优点是既可以相对独立使用，互不干扰，又可以满足聚族而居的需要。如梅县茶山村的稻香楼（图 9-21）、同德楼（图 9-22）以及桥乡村的承德堂（图 9-23），都是典型的杠屋（楼），这三个杠楼均建于民国初期，其中稻香楼是四杠楼；同德楼是七杠楼；承德堂是五杠楼。

所谓围楼，多为圆形或方形，一般三至五层，集居住与防御为一体，其形制和福建土楼极为相似。这种围楼主要分布在大埔县、蕉岭县以及梅县的北部，其中以大埔县最为集中，特别是圆形土楼，几乎都在大埔县。这主要是由于大埔县靠近闽西，受其影响大一些。梅州还有一种颇有特色的"四角楼"，其主要特征是围屋四周加建碉楼，中轴线上布置堂屋。这种四角楼主要分布在梅州市的兴宁县和五华县。如兴宁县蕉坑村的善述围就是典型的围楼，建于民国时期，由一堂、四横、四碉楼组成。

梅州除了围楼外，和闽西土楼相比，其余民居形式的防御性是较弱的。这可能主要是由于土楼多位于客家人与闽南人的交界地带，容易有民系冲突，使得防御性成为建宅时的首要考虑因素，而梅州位于客家人的腹地，民系冲突相对较少，所以防御的重要性减弱。当然，并不是说梅州一带的主要民居类型（如围龙屋、堂横屋等）完全不考虑防御性，很多细节也还是注重防卫的，如对外仅设小窗，且都为石窗（图 9-24、图 9-25）。

图 9-24 梅县桥乡村南华又庐射击孔

图 9-25 梅县茶山村大夫第门楼防御设施

## 宅祠合一

客家保留了中原遗俗，注重怀念故土，思念先祖，慎终追远。梅州的客家也有强烈的祭祖情结，非常重视祠堂的建设。如光绪《兴宁县志·舆地略下》载："民重建祠，每千人之族，祠十数所，小姓单家，族人不满百者，亦有祠。其曰大宗祠者，始祖之庙也"。清人黄钊在《石窟一征·礼俗》也载道："（客人）俗重宗支，凡大小姓，莫不有祠。一村之中，聚族而居，必有家庙，亦祠也。有吉凶之事，皆祭告焉"。

在传统村落中，祠堂和民居一般是分开的。如皖南等地村落中，一般都有规模宏大的独立祠堂，位于村落的核心位置，非常醒目。但梅州的传统村落中，一般为宅祠合一，即住宅兼有祠堂的功能。如在围龙屋和堂横屋中，既有以居住为主的横屋，也有以祭祖为主要功能的堂屋。实际上，堂屋就是宗族的祠堂，是供奉祖先牌位、祭祀祖先的地方，祖龛一般放在最后的堂屋（即上堂）内。在围楼中，祠堂位于中间，住房围绕祠堂布局，显示了祖宗的向心力。总之，在围龙屋、堂横屋和围楼中，堂屋居于核心位置，强调了宗族的重要性。在杠屋中，虽然祠堂位于中间两杠的后侧，其空间相对弱化，规模也较小，但其仍要正对主要出入口，位于核心位置。

祖龛内供奉本族的列祖列宗，并书"天地君亲师位"（图 9-26 ～图 9-28）。有意思的是，客家祠堂里除了供奉祖先牌位外，还供奉许多神位，如天神、土地神、山神、龙神、观世音等，这在别的地方还是较为少见的，如很多祖先牌位下面

图 9-26 梅江区龙上村某围龙屋祖龛

图 9-27 梅江区龙上村某围龙屋祖龛局部

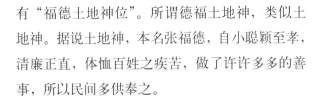

图 9-28 梅县桥乡村德馨堂祖龛

有"福德土地神位"。所谓德福土地神，类似土地神。据说土地神，本名张福德，自小聪颖至孝，清廉正直，体恤百姓之疾苦，做了许许多多的善事，所以民间多供奉之。

## 土木石构筑

中国的传统民居主要采用当地的生土材料构筑，全国各地，概莫能外。梅州的传统民居，也主要采用天然材料，如土、石和木等。如地基一

般用石头砌筑，依墙厚挖槽，槽内填石块，直至地面以上，这样就可以阻隔潮湿之气。墙体或采用夯土墙，或采用泥砖墙，其材料都是由三合土构成，即用黄泥、石灰和砂共同搅拌而成。为了增加牢固性，许多墙体内还会掺加稻秆、竹条等，有的甚至会添加适量的糯米、红糖，以增加材料的黏合度（图 9-29）。

在承重结构上，有采用抬梁者，有采用穿斗者，也有抬梁穿斗组合者，还有的没有采用立柱，而直接用厚重的墙体承重。屋面一般用瓦面、木

图 9-29 梅江区寿星楼

檩条。但和北方不同的是，椽上一般不铺设望板，而是直接铺青瓦，俗称"百子瓦"。椽间距一般是六寸或七寸，正好是搁置一块瓦的宽度，这样，在两椽之间架上仰瓦，又称阳瓦，然后再在两列仰瓦上覆一层"凸"形放置的瓦，此又称为"阴瓦"，二者互相结合，可避免雨水的渗入。在屋脊上，往往会存放许多瓦片，层层叠叠，当地俗称"子孙瓦"，寓意子孙满堂。当然，这些"子孙瓦"也有其实用性，即当部分瓦片损毁时，可以及时更换。有的屋面下还会做阁楼，起到隔热、通风的作用，也可用来堆放杂物及储藏谷物。

## 装饰艺术

就时间轴而言，一般早期（如明代）的民居几乎没有什么装饰，非常质朴；到了清代，特别是清末民初，装饰就较为多见。就空间轴而言，一般中轴线上的建筑，如大门、堂屋、龙厅、祖龛等装饰较多，而两侧居住性的横屋装饰较少。就装饰内容而言，似乎和其他地域的民居没有太多的区别，"吉祥祈福"是各地传统民居装饰的永恒主题。

梅州传统民居中的装饰，以石窗、壁画和木雕最有特色。

石窗多位于外墙，一般是一个房间开一个或两个窗，形式多样，有圆窗、方窗与花窗等多种。外墙窗除了通风、采光的功能外，还不得不考虑防御，所以外墙窗一般尺度不大，且以麻石窗为主。这是因为石材坚固，且这一带地处山区，盛

① ④ ⑦

② ⑤ ⑧

③ ⑥ ⑨

图 9-30 梅江区三角镇约亭村永鑫庐文字窗　①
图 9-31 梅县茶山村竖条形窗（李志新摄影）②
图 9-32 梅江区三角镇上坪村花叶纹窗　③
图 9-33 梅县桥乡村南华又庐花叶纹窗（1）④
图 9-34 梅县桥乡村南华又庐花叶纹窗（2）⑤
图 9-35 梅县桥乡村南华又庐花叶纹窗（3）⑥
图 9-36 梅县茶山村花叶纹窗　⑦
图 9-37 梅县茶山村云汉楼花叶纹窗　⑧
图 9-38 梅县桥乡村花叶纹窗　⑨

图 9-39 梅县桥乡村南华又庐彩绘

图 9-40 梅县茶山村云汉楼彩绘

图 9-41 梅江区约亭村永鑫庐童柱木雕（1）

图 9-42 梅江区约亭村永鑫庐童柱木雕（2）

图 9-43 梅江区约亭村永鑫庐门雕

图 9-44 梅县茶山村云汉楼门雕

产石材，易于就地取材。窗的形式主要有三种，即文字窗、几何形窗和花叶纹窗。常见的文字窗有"卍"字、"福"字、"禄"字、"寿"字、双喜字等，多取吉祥之义，表达了人们对美好生活的愿望（图 9-30）。几何形窗主要有横、竖条形、扇形、组合形等，其中以竖条形石窗最为多见（图 9-31）。花叶纹图案窗有莲花纹、菱花纹、云纹、锦葵纹、回纹、竹节与海棠纹等，一般是外方内圆，取义"天方地圆"（图 9-32 ～图 9-38）。

梅州客家传统民居中多有彩绘，以门洞的墙上最为多见。除了门洞，墙裙之处也多有彩绘，且面积较大。绘画的内容非常丰富，有琴棋书画、生活器皿、花鸟鱼虫、山水树木等，也有苏武牧羊、

中华武术、西厢故事、八仙过海等经典故事。近代民居中还出现了汽车和洋房等（图 9-39、图 9-40）。

梅州传统民居中的木雕也较为丰富。这些木雕多为立体的，多层次的，一般也施彩绘，装饰效果明显。如主入口两侧梁上和堂前连廊的梁上，一般雕刻双狮，且多为双目回望状；檐下出挑梁头多雕龙头；梁架上的童柱往往雕彩云状、莲花状等（图 9-41、图 9-42）。除此之外，门窗往往也是装饰的重点（图 9-43 ～图 9-45）。至于雕刻的内容，较为宽泛，以动植物图案最为多见，如蝙蝠、老鼠、葡萄等，蝙蝠代表幸福，老鼠和葡萄代表多子多孙。

图 9-45 梅县茶山村大夫第门雕

# 第十章

## 鲜活多样的乡土，纳西族古村落

## 纳西族概况

纳西族生活在云南、四川、西藏交界的地区，在历史发展的过程中形成了东部与西部两大方言区。纳西族以农业为主要生产方式，其村落以选址于坝区、沿山麓分布的农业型聚落为主，同时也有商业型与军事型的聚落。纳西族的建筑随社会形态、资源气候、精神信仰的不同，形成了木楞房、土庄房、木构瓦房等多种建筑形式，极具多样性。

纳西族主要居住在滇川藏交界的横断山脉地区，在 1954 年云南省民族识别工作确定族称前，纳西族被称为"么些"（moso）[1]，也在文献史料中被称为"麼些"、"摩沙"等。纳西族包含自称"纳"、"纳西"、"纳日"、"纳恒"、"玛莎"、"阮可"等的人群[2]，2010 年人口普查数据为 326295 人[3]。纳西族村落在滇西北以及毗邻的川、藏地区沿着澜沧江、金沙江及其支流无量河、雅砻江流域广

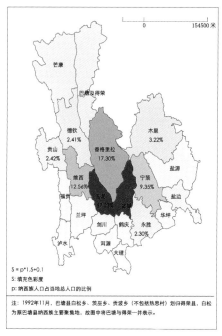

图 10-1 纳西族主要聚居县区

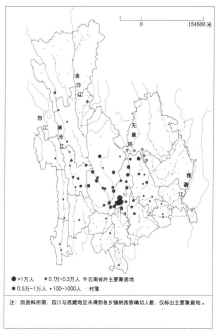

图 10-2 纳西族主要聚居乡镇

云南省西北部的金沙江流域是纳西族聚居最集中的区域，尤其是丽江市玉龙县，超过一半的人口是纳西族。

---

① 云南省民族识别研究组. 云南省民族识别研究第一、第二阶段初步总结 [M]. 中央民族学院，1956:12-13.

② 郭大烈，周智生. 家住长江第一湾的纳西族 [M]. 武汉：湖北教育出版社，2006:16.

③ 国务院人口普查办公室，国家统计局人口和就业统计司. 中国2010年人口普查资料：上册 [M]. 北京：中国统计出版社，2012：226.

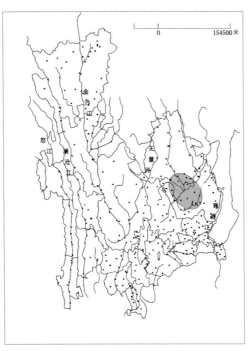

图 10-3 西晋时期纳西族先民分布示意

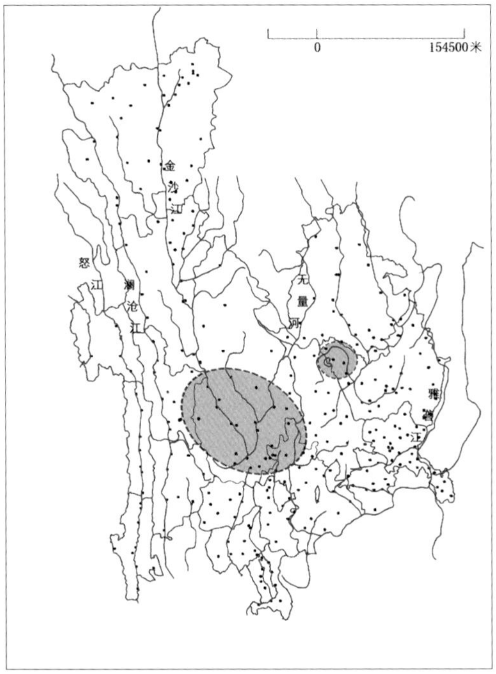

图 10-5 元明时期纳西族分布示意

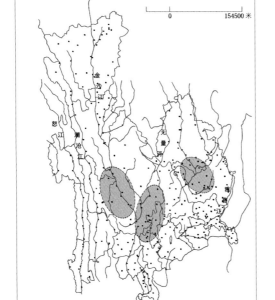

图 10-4 唐宋时期纳西族分布示意

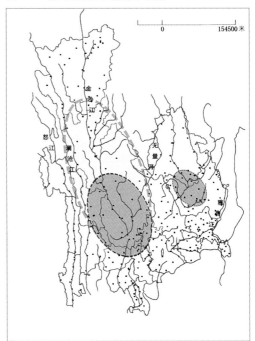

图 10-6 清代以后纳西族分布示意

纳西族在唐宋时期形成了东部、中部、西部三个分支,其中中部和西部在元代逐渐融合,形成了东部、西部两大分区,并且一直延续至今。

泛分布（图 10-1、图 10-2）。由于这一带地形、气候复杂，资源、文化多样，使得纳西族村落也形成了丰富多样的形态。

## 迁徙与分支

唐代之前，纳西族甚少见于史册，学界对其族源较主流的观点是方国瑜等主张的"羌人说"，即纳西族源于从河湟地带向南迁徙的古羌人支系——牦牛羌，从大渡河地区迁徙到了雅砻江下游地区[①]。

从唐代开始，"麼些"部族逐渐繁盛，其分布区域包括今天的川西南与滇西北一带，以雅砻江、金沙江流域为主[②]。这一时期的"麼些"势力大致可以分为三支：四川木里、盐源一带的东部支系，金沙江沿岸的西部支系，和丽江一带的中部支系，他们处在唐王朝、吐蕃和南诏三大政权之间，战争不断。

至元代，丽江先后设茶罕章管民官、宣慰司、丽江路军马总管府、宣抚司，中部支系的力量不断壮大，并与西部支系逐渐融合。这一支纳西族在明代进一步发展，其土司得赐姓木，不仅管辖丽江军民府之四州一县，而且势力深入到香格里拉、德钦、维西、芒康等地，达到了鼎盛时期。至 1723 年，丽江改土归流，木氏土司的鼎盛时期宣告结束。而四川木里、盐源和云南永宁一带的纳西族一直保持着相对独立，这就形成了今天纳西族东部方言区和西部方言区的大致格局（图 10-3 ~ 图 10-6）。

20 世纪初，四川境内的麼些地区动乱衰败，丽江和永宁地区却得到了发展。日军入侵后，西南地区的古商道成了极其重要的物资运输渠道。丽江是滇藏商道上非常重要的一个中转站，商业快速发展，被称为"小上海"[③]；永宁可通印度、大理、成都，民国时期商旅繁多，发展成为川滇边境的集镇[④]。

根据对麼些象形文字演变的研究，李霖灿先生提出了麼些人迁徙的大致路线，这条路线为诸多后来的研究所印证。他认为，纳西族先民从贡嘎山北面南迁至木里一带时，分为了两支：一支迁徙到永宁及以东的木里、盐源一带，成为自称"纳日"的族群，是无文字的一支，他们居住的地带就是东部方言区；另一支从无量河下游的"若喀"（即阮可）地域迁徙到北地（即白地）一带，再经宝山、丽江、南山而进入鲁甸一带，他们居住的地带就是西部方言区（图 10-7）。

① 方国瑜. 方国瑜文集：第四辑 [M]. 昆明：云南教育出版社，2001：1—19.

② 樊绰. 蛮书 [M]. 北京：中华书局，1985.

③ 木丽春. 纳西族通史 [M]. 昆明：云南人民出版社，2006：26.

④ 马继典. 茶马古道上的永宁马都 [M] //夫巴. 丽江与茶马古道. 昆明：云南大学出版社，2004：88—96.

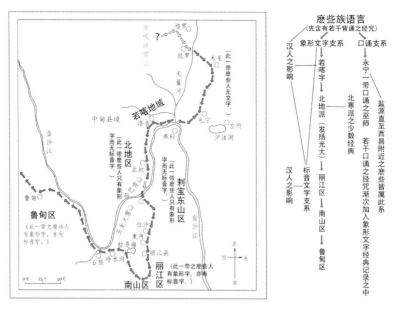

图 10-7　纳西族迁徙路线与文字发展示意图（据《么些象形文字标音文字字典》相关内容改绘）

西部方言区的纳西族普遍信仰东巴教，它从唐代开始萌芽，在宋元时期发展成形。东巴教处于从原始宗教向人为宗教过渡的阶段[1]：一方面，它保留有自然崇拜、祖先崇拜、生殖崇拜等原始宗教的特点，没有独立的宗教组织和专门的宗教场所；另一方面，东巴教中的祭天等活动必须以特定的血缘、地域派系为单位进行，东巴祭司通常有家族世袭的传统，东巴教有自己的文字、经书，所有的仪式都有固定的规程，形成了一套体系架构。东部方言区则曾经流行一种叫"达巴"的宗教，与东巴教十分相似，但所处的发展阶段更加原始。如今，达巴教已经式微，藏传佛教在东部地区影响较大。

## 游牧到农耕

东巴经有诸多对纳西族古代生活的描写，例如《耳子命》描写了纳西族的狩猎活动，《多萨欧吐传》中描写了纳西族的游牧生活，《创世纪》描写了人类始祖崇忍利恩靠打猎、放牧牛羊和粗放的刀耕火种生活等；可见，纳西族先民在早期曾经历过狩猎采集、游牧和刀耕火种等经济生产方式[2]。《蛮书》记载，么些居住的地区"土多牛羊，一家即有羊群"，男女皆以羊皮为衣，而且已经有不小的畜牧贸易[3]；可见直到唐代，畜牧业生产仍然在么些社会中占据着重要的地位，农业尚未成为主要的生产方式。这个时期，纳西族

① 和志武. 中国原始宗教丛编：纳西族卷 [M]. 上海：上海人民出版社，1993：25-27.
② 木仕华. 东巴教与纳西文化 [M]. 北京：中央民族大学出版社，2002：129-138.
③ 樊绰. 蛮书 [M]. 北京：中华书局，1985.

尚未进入稳定的定居生活，应当也尚未开始营造形成稳定的聚落。

公元10世纪，南诏与唐王朝政权先后更替，继而建立了大理国和宋王朝。宋王朝国力不及唐，宋太祖以玉斧划界，与大理各安一方。自唐末以后，吐蕃的势力也逐渐衰落。在这样的局势下，麽些之地"大理不能有，吐蕃未能至，宋亦弃其地"，麽些势力得到了休养生息的机会，"自为治理，经三百五十年之久"①。据《云南志略》的记载，"麽些蛮"分布在大理与吐蕃之间，"依江附险，酋寨星列，不相统摄"②，可见在13世纪末14世纪初时，纳西族已经产生聚居村落了。

在唐宋时期的东部、中部、西部三个分支中，丽江一带既不像东部有盐铁之利，也不像西部地处战略要地，本就少有战事。这一带在宋代休养生息、逐步壮大，又在元代成为滇西北地区的统治中心，社会经济得到了长足的发展。13世纪中叶，

丽江地区已经有了广阔的农田和发达的灌溉系统，农业生产跃居到了经济生产的主要地位；另一方面，手工业也逐步发展起来，各种手工业产品与农产品、矿产品、畜产品又促进了商业的发展。《元一统志》描写通安州（即丽江地区）时，这里已是"地土肥饶，人资富强"③。因此，纳西族稳定的农业生产的局面应当是在宋元时期形成的。手工业和商业则是在此基础上再发展起来的。

## 军、农、商聚落

《云南志略》中记载的"依江附险"的纳西寨子，体现出了很强的防御性。如今，在金沙江沿岸仍然留存着防御型的纳西族村落，它们往往位于军事战略要地，在历史上扮演过重要的角色。

玉龙县宝山乡的石头城位于金沙江畔，以城门为界，分为内城和外城，著名的"元跨革囊"

图 10-8 石头城与太子关

图 10-9 云南省玉龙县石头城村：依江附险

① 方国瑜. 方国瑜文集：第四辑 [M]. 昆明：云南教育出版社，2001：60.
② 郭松年，李京. 云南志略 [M]. 昆明：云南民族出版社，1986：93.
③ 《纳西族简史》编写组. 纳西族简史 [M]. 昆明：云南人民出版社，1984：40—47.

图 10-10 石头城城门　　　　　　　　　图 10-11 石头城内城

石头城城门之内是内城的范围，始终维持着 108 户的规模，分家或迁徙形成的新家庭只能在外城建房居住。

的发生地太子关就与之毗邻（图 10-8 ~ 图 10-10）。内城位于金沙江畔一块巨大的岩石之上，三面峭壁，仅有一条小路出入，地势险要、易守难攻。城内一直保持 108 户的规模，其格局街巷长久以来都没有发生大的变化，分家产生的新家庭和较晚迁来的人口则居住在外城（图 10-11）。外城同样依山而建，主要道路沿等高线分布，村民开垦的梯田多分布在外城周围（图 10-12）。以往村中遭遇流寇时，所有的村民便退入内城，抵御外敌。

石鼓镇位于玉龙县西部，金沙江南流至此后转向东北，形成一个巨大的转弯，被称为"长江

图 10-13　云南省玉龙县石鼓镇
（师子乾摄）

图 10-12 石头城外城

图 10-14　石鼓镇与金沙江湾（师子乾摄）

第一湾"（图 10-13、图 10-14）。石鼓作为金沙江重要的渡口，历来是兵家必争之地，其名就得自于木氏土司进军吐蕃得胜后留下的石鼓。相传三国时期诸葛亮就曾在此"五月渡泸"、平定南中；忽必烈南征时，其西路军在此与巨津州的么些势力发生激战；红军第二方面军横渡金沙江时，这里也是一个重要的渡口。

明清以降，农业一直在纳西族地区的经济生产中占主要地位，因此农业型的村落也是纳西族村落中最主要的类型。纳西族分布的地区山峦纵横，地形复杂，他们把高山之间的平地称为"坝子"，农业型的村落就多分布在坝区。这些坝区的村落大多选址在坝区边缘的山脚，房屋背靠山脉，顺应地势建造（图 10-15、图 10-16）。这

图 10-15 云南省玉龙县坝区的农业型村落 (1)

图 10-16 云南省玉龙县坝区的农业型村落 (2)

坝区以农业生产为主的村落，房屋大多建造在山脚，留出坝区中央最平缓的土地用于耕种。坝区中的道路也相应地沿山脚延伸，将各个村落联系起来。

样的选址一方面留出了坝子中间最为平整的土地用于农作耕种、维系生计；另一方面也有利于村子的对外交通。当村落因人口增长而扩张时，人们更倾向于向山上发展，而不是向平坝发展，从而保障用于耕作的土地。玉龙县的南高寨村就是一个例子，村中共有四个姓氏，在不同时期先后迁居此地，在村中有各自相对集中的居住区域。

最早定居的和氏大多居住在山脚，靠近过境的道路，越晚定居的姓氏，其居住的区域就越高，可见村落是从山脚逐步向山腰发展的。

随着社会经济的发展，商品交换的逐步发达促进了一些商业型聚落的产生，它们中的一些从村落逐渐发展成了集镇，被列入世界文化遗产的束河古镇就是其中之一。明代时，纳西族木氏土

图 10-17 云南省丽江市古城区束河镇四方街

图 10-18 云南省宁蒗县扎实村的摩梭院落

司从汉族地区请来了大批皮匠、铁匠等手艺人定居束河，这里的商品交换不断发展，逐渐形成了一个商业发达的集镇。束河位于玉龙雪山南麓，坐西面东，发源于九鼎龙潭的九鼎渠、青龙河与疏河从镇中穿过。古镇的中心是东西长约 50 米、南北宽约 40 米的四方街，四面商铺林立，是买卖交易的集散场所，镇中的主要街道都交会于此（图 10-17）。

图 10-19 摩梭院落的草楼

## 母系与父系社会

建筑是生活的容器，家宅的空间布局是居住者社会形态、家庭结构与生活方式的物化体现。纳西族村落中，家宅的布局就与人们所处的社会形态、家庭结构和生活方式密切相关。

在纳西族的东部方言区，这里的摩梭人一定程度上还保存着母系社会的社会形态，这些摩梭人并不组成夫妻共居的家庭，而是与自己的母系亲属居住在一起，组成生产、生活的单位，当地人称为"衣杜"。在这样的家庭中，辈分最高的女性，即老祖母，是最具威严的，老祖母及其兄弟由家中子女们一同供养。在具体的家庭事务上，通常会推选一位最能干、最有公心的女性做女主人，掌管安排全家的生产、生活。男子夜晚到中意的女子家中偶居，次日清晨返回母家。男子们并不抚养与走婚对象生育的孩子，而是与母家的姐妹们一同抚育她们的子女，承担着父亲的角色。在摩梭人的母系大家庭中，人们按照性别和辈分扮演各自的角色，家宅的布局同样也与性别和辈分相对应。

　　一个典型的摩梭母系大家庭院落，通常包括四部分内容：祖母房、经堂、花楼和草楼（图10-18）。祖母房体量最大，是一家人日常起居、饮食的场所，也是老人和小孩的卧室；经堂是供奉藏传佛教的佛像、经书，供喇嘛诵经的场所，往往是家中最华丽的建筑；花楼是成年女子的住处，每人有一个单独的房间，方便各自走婚；草楼则用来圈养牲畜、储存草料（图10-19）。

　　祖母房一般采用三进式的布局（图10-22）。进门第一进正中为前室，设水缸；两侧是上室和下室，分别用作老人卧室和加工牲畜食物的地方。第二进是主室，分为左右两个开间。一个开间设有低矮的下火塘，供妇女们起居，主人和客人分列火塘两侧，以靠里的位置为尊（图10-20）。另一侧开间是高床式的上火塘，供男性使用，火塘四周设有可供坐卧的台子：沿墙的两侧分别是主人和客人的座位，越靠内的座位越尊贵，墙角设有达巴教的神龛，临门的台子放置餐具，是主

图10-20 女性的火塘

图10-21 男性的火塘

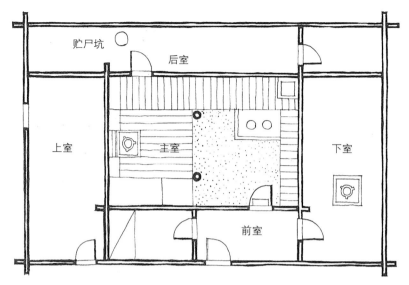

图 10-22 摩梭人祖母屋平面示意图
（改绘自：《丽江：美丽的纳西家园》第 44 页）

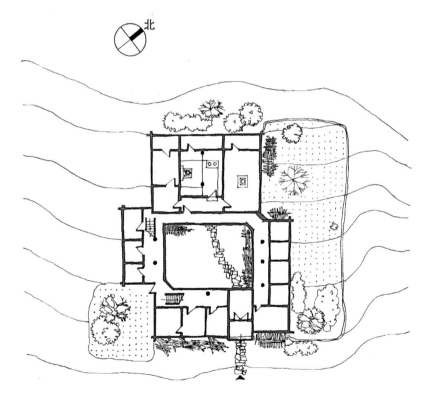

图 10-23 摩梭人院落平面示意图
（改绘自：《丽江：美丽的纳西家园》第 45 页）

妇给大家分餐的地方（图10-21）①。火塘里始终燃着火，日常烧水、烹煮、待客都在这里进行。有的人家还会在火塘靠上室一侧设置床柜，供老人使用。第三进是后室，向主室开有一个小门，平时储藏杂物，家中有人死亡时，作为停尸的场所，是家中比较私密的空间。在这三进房间四周，会设置粮仓和畜圈。

摩梭人的院落布局满足了母系大家庭起居饮食、宗教信仰、偶居生活和家庭生产的功能需求，依照家庭成员的性别和辈分划分相应的使用空间，并以女性为尊（图10-23）。这生动地反映了母系社会中的摩梭家庭的结构形态与生活方式。

纳西族的西部方言区已经普遍进入了父系社会，实行父系继承、夫妻共居。处于父系社会的纳西族的家宅布局，与母系家庭的家宅布局有着明显的区别。

例如在被誉为"东巴圣地"的白地，其典型的传统院落通常包括正房、草楼和仓房三部分。正房为平房，是全家人起居、饮食的场所；草楼为二层楼房，楼上堆放草料或作卧室，楼下关养牲畜；仓房也是平房，用来储藏粮食等物品；三者的格局并不固定，但正房通常坐北朝南。

正房是其中最重要的房屋，一般由一棵中柱分隔成两个开间。入口一侧的开间放置碓子，是粮食加工的区域。另一侧的开间在中心设置火塘，里面安置三脚架和煮猪食的炉灶，火塘周围镶嵌

图10-24 白地的火塘
（引自：中华遗产，2011(11): 98）

有一圈木板，吃饭时用于放置饭菜。火塘靠墙两侧设有木床，位次按照性别长幼区分，并且以男性为尊：面阔方向靠门的大木床宽约五尺，是男性坐卧的地方，大床外侧有一根小柱，是老年男性上床时用的扶手"阿普腊斥古"，大床侧面还设有挂卧具的地方"古儿早古"；进深方向靠墙的小木床宽约四尺，是女性坐卧的地方；木床墙角处有一个神龛"格箍鲁"，是东巴祭司诵经的地方，柜子里也供长者放置茶盐等日常用品。火塘与大床相对的另一侧，是放置碗筷的斗柜。房屋的中间、靠着火塘的一角立有中柱"每都"，意为擎天柱，上面挂着祭祀用的物品。中柱下放置水槽（图10-24、图10-25）②。

在无量河地区的纳西族同样处于父系社会，信仰东巴教。这里的纳西族大多使用两层的土庄房，一层关养牲畜，二层用于居住。土庄房居住层的主室，布局与白地的木楞房颇有相似之处。

---

① 传统的摩梭家庭实行分餐制，吃饭时每人分给一碗饭、一碗菜、一碗汤。

② 云南省编辑组. 纳西族社会历史调查：三 [M]. 北京：民族出版社，2009：2-3.

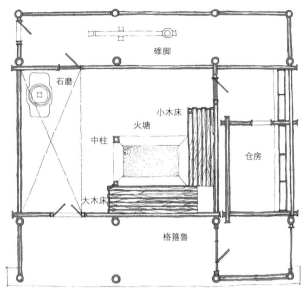

图 10-25 白地木楞房示意图
（改绘自：《云南民族住屋文化》第 268 页）

图 10-26 无量河地区的火塘
（摄于云南省宁蒗县油米村）

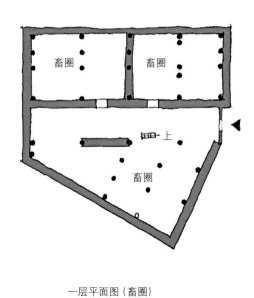

一层平面图（畜圈）

图 10-27 无量河土庄房平面图

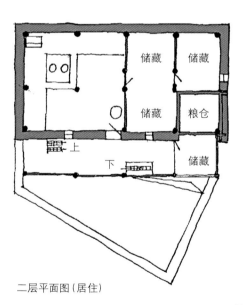

二层平面图（居住）

北

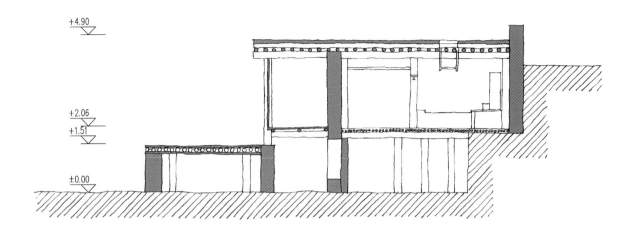

图 10-28 无量河土庄房剖面示意图
过去，土庄房大多从一层畜圈进入，通过独木梯登上二层。如今出于卫生的考虑，大部分人家已将入口改到二层了。

室内同样有一棵被称为"多硕日"的柱子，意为擎天柱；室内一角设有火塘，内置三脚架，四周镶有木板（图 10-26）；沿着火塘在靠墙的两侧设有高约半米的木床，靠后墙的木床为尊，是男性的座位，墙上设有挂架，靠侧墙的木床是女性的座位，墙角放有一个神龛，供东巴祭司使用。无量河地区的土庄房和白地的木楞房中，核心空间都从母系社会的双核心空间变为了单核心空间，在空间地位上男尊女卑，与父系社会的家庭结构相适应（图 10-27、图 10-28）。

丽江一带的纳西族与汉文化接触较多，普遍地使用木结构瓦房合院，院落布局有三坊一照壁、四合五天井、前后院、一进两院等形式（图 10-29、图 10-30）。尽管不再使用中柱、火塘式的核心空间，但是丽江纳西族的家宅中适应父系家庭

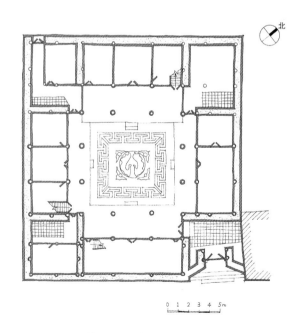

图 10-29 丽江民居首层平面示意图
图中为纳西族民居"四合五天井"的平面布局，即院落四面均由房屋围合，形成中央的院落，加上院落四角的小天井，形成了有五个天井的四合院。
（改绘自：《丽江古城与纳西族民居》第 84 页）

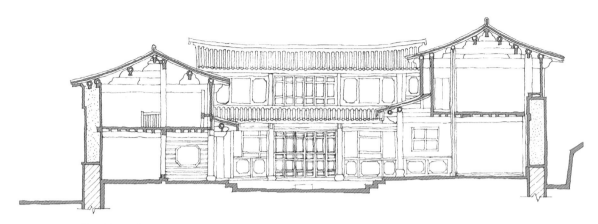

图 10-30 丽江民居剖面示意图

在"四合五天井"的院落中，正房通常朝南或朝东，是最高的房屋，其次是两侧的厢房，正对正房的面房是最低矮的。
(改绘自：《丽江古城与纳西族民居》第 84 页)

的结构形态，在居住空间上夫妻共居，并以父系血脉来计算辈分、区分尊卑。

## 信仰与精神空间

纳西族的房屋不仅容纳了居住者世俗的物质生活，也容纳了他们的精神信仰，其形态和空间反映着人们对世界的认知。纳西族的不同地区存在着多样化的信仰，因而其建筑中也存在着多样化的精神空间。

例如，摩梭人除了原始信仰外，还信仰达巴教和藏传佛教，这些信仰就具体地体现在房屋空间之中。

摩梭人院落的正房——"祖母房"中，其核心空间按性别分为两部分：供女性坐卧的下火塘对应室内的女柱，供奉火塘神"赞巴拉"的神龛，神龛上绘制莲花、海螺、火焰等形象，火塘里设锅庄石作为祖先的象征，每次吃饭前都要先分食

图 10-31 火塘神神龛

图 10-32 摩梭人的经堂

物到锅庄石边,意为供请祖先(图 10-31);供
男性坐卧的上火塘对应室内的男柱,供奉达巴教
的神龛;两者中以下火塘为尊。与下火塘类似的
设于地面的火塘在西南地区不少民族的建筑中都
存在,与祖先崇拜、火崇拜等原始信仰相关;而
高床式的上火塘则相对独特,并且设有达巴教的
专属空间。祖母房中的男柱和女柱取自同一棵树,
树梢为男柱,树根为女柱,象征家中男女来自同
一母系血脉。这种对男柱和女柱的崇拜,来自于

对人口繁衍、家族绵延的重视,是生殖崇拜的延
续和体现。祖母房核心空间的这种二元式布局是
摩梭人男女、上下、阴阳等二元生命认知模式的
物化体现[①]。

此外,摩梭院落中通常会设置一栋经房来
供奉藏传佛教的佛像经书、供喇嘛诵经(图 10-
32)。相较于原始信仰和达巴教,藏传佛教在摩梭
人中流行的时间较晚,但却是目前摩梭人最为普
遍的信仰,因此,经房在院落中单独设置,往往

① 蒋高宸. 丽江:美丽的纳西家园 [M]. 北京:中国建筑工业出版社,1997a:46—48.

图 10-33 擎天柱
摄于云南省宁蒗县油米村，村中居住的均为纳西族支系"阮可"人。

是整个院落中最华丽的建筑。

而纳西族的西部方言区则发展出了东巴教，他们的房屋空间则与东巴教的认知、教义等密切相关。

例如在无量河地区的土庄房和白地一带的木楞房中，正房中都设有一棵中柱，在火塘的一角设有东巴教的神龛和东巴祭司专用的宗教空间。这棵中柱被称为"每都"，是擎天柱的意思，柱子上段有一块雕刻成云形的木板，象征天，可见，

人们把它作为支撑天地的象征（图 10-33）。在东巴经文记录的神话中，对天地的空间模式有几种解释："天柱模式"认为天地是靠东、西、南、北和中央五根大柱子支撑起来的；"神山模式"认为天地是居那茹罗神山支撑起来、日月围绕其旋转的；还有的解释则是两种模式的融合版本。这些传说都与纳西族所处的群山环抱的自然环境相符合。不论是柱子还是神山，都是人工修建的，可以说在纳西先民的观念中，宇宙的结构是通过

图10-34 云南省丽江市九河乡：上梁仪式

图10-35 工匠在制作六合门

一系列建造工程形成的，这棵房屋里的中柱，可以看作是纳西族对远古时期建立天地秩序的模仿和重现[1]。也有学者认为，中柱是对男性生殖器的隐晦表达，体现了纳西族的生殖崇拜[2]，这与"擎天柱"的宇宙认知意象也并不矛盾。

在丽江一带的纳西族，与汉族的交流开始较早，接触汉文化较多，普遍地使用仿汉式的木结构瓦房，其房屋空间中也有一些汉文化的体现。在木楞房、土庄房等建筑中，房屋的核心空间是火塘和中柱，房屋建造过程和日常生活中的诸多仪式都是围绕火塘和中柱进行的。而在仿汉式瓦房中，房屋以中轴为核心空间，例如供奉祖先的位置一般设在二层或一层明间；房屋建造过程中最神圣的构件是明间的脊檩，当地称中梁，以上梁仪式为房屋建造中最重要的仪式（图10-34）；屋脊的正中会设置瓦猫，起到趋吉辟邪的作用等。

此外，仿汉式瓦房在建筑装饰中也体现出汉文化对其的影响。例如，院落常用块石、碎瓦、卵石等铺砌图案，"四蝠闹寿"、"麒麟望月"、"八仙过海"等汉文化中寓意吉祥的图案十分常见；房屋的一层明间一般都设有六扇木制隔门，门扇上的雕刻常见"琴棋书画"、"松鹤同春"、"喜鹊争梅"、"福禄寿喜"等题材的图案，还有的门扇上直接书写汉语格言（图10-35）。

## 建筑类型演变

纳西族分布的地区地处横断山脉，高山峡谷纵横，气候、资源多样。相应地，纳西族的乡土建筑适应于所在地域的气候、资源条件以及人们的技术条件，类型十分多样。从房屋的材料、结构来看，主要有木楞房、木构瓦房和土庄房等建

① 田松. 神灵世界的余韵：纳西族：一个古老民族的变迁 [M]. 上海：上海交通大学出版社，2008：26.
② 蒋高宸. 丽江：美丽的纳西家园. 北京：中国建筑工业出版社，1997a：50-51.

筑类型。

从历史文献的记载来看，井干式的木楞房是纳西族历史上普遍使用的一种建筑类型。东巴经书中曾经这样描写各个民族的房屋："藏族的老人去世了，在高大的土坯房子下面去世了……白族的老人去世了，在瓦房下面去世了……纳西族的父亲去世了，在木楞房下面去世了……摆夷人的父亲去世了，在草房下面去世了"[①]。可见东巴经文发展成形的唐宋时期，木楞房在纳西族的认知中已经是区别于其他民族的典型建筑了。木楞房的流行时间持续了很久，即便是在社会经济发展最快的丽江，普通百姓一直到清代改土归流之前还仍然以木楞房为主要的建筑形式，"用圆木四围相交，层而垒之，高七八尺许，即加椽桁，覆以板，压以石。"[②]。

木楞房以圆木层层累叠形成厚重的井干式墙体，屋顶覆盖木板瓦片，再压石块防风，建造技术相对简单。这种建筑形式与木楞房所分布地区丰富的林木资源是相适应的。到 20 世纪后半叶，林木资源丰富的山区仍然使用这种建筑形式，例如白地一带在新中国成立初期还普遍流行木楞房（图 10-36）[③]，永宁一带的摩梭人至今还普遍地使用木楞房（图 10-37），各地的山区也还把木楞房作为仓库、畜圈等辅助用房使用。

木构瓦房是目前纳西最普遍使用的建筑类型，几乎在所有纳西族地区都广泛分布。

图 10-36 白地木楞房
（引自：中华遗产，2011(11)：100）

图 10-37 摩梭人的木楞房

---

① 习煜华，赵世红．东巴经卷 [M] // 佟德富，巴莫阿依，苏鲁格．中国少数民族原始宗教经籍汇编．北京：中央民族大学出版社，2009：456.

② 管学宣，万咸燕．丽江府志略：雪山堂藏板 [M]，1743（清乾隆八年）：206-207.

③ 云南省编辑组．纳西族社会历史调查：二 [M]．昆明：云南民族出版社，1986：24.

木构瓦房在纳西族历史中，是明代开始出现、清代开始流行的。徐霞客到访丽江时，描写普通民众的住屋"多板屋茅房"，头目居于瓦房，而木氏的府邸则"宫室之丽，拟于王者"①。可见，丽江在明代时已经出现了仿汉式瓦房，但仅限于统治阶级。乾隆八年的《丽江府志略》中提到，改土归流之前，丽江"唯土官廨舍用瓦，余皆板屋"②，可见仿汉式建筑在丽江的普遍流行是在改土归流之后，在周边地区的流行则要更晚一些。

木构瓦房的结构与形式都带有比较明显的汉族建筑特征，这种建筑类型在纳西族地区的流行与汉文化与技艺的传播是有密切关系的。明代时，丽江土司木氏与中央政权关系密切，但木氏采取"愚黔首"的政策，限制百姓入汉学，汉文化主要是在统治阶级中传播。丽江改土归流后，流官在丽江广泛地兴办学校，普通百姓有了更多受教育的机会，汉文化才得以进一步地普及③，仿汉式瓦房及其建造技艺也在普通民众中流行开来。

木构瓦房以穿斗或穿斗、抬梁混合的木结构承重，墙体用土坯砖或石块砌筑（有的土坯砖墙体会在局部外包青砖）屋顶铺瓦。相较于木楞房，

图 10-38 云南省玉龙县南高寨村：木构瓦房

图 10-39 云南省丽江市古城区大研镇：木构瓦房

① 徐弘祖. 徐霞客游记 [M]. 上海：上海古籍出版社，2010：269，299.
② 管学宣，万咸燕. 丽江府志略：雪山堂藏板 [M]，1743（清乾隆八年）：206-207.
③ 郭大烈. 纳西族史 [M]. 成都：四川民族出版社，1994：370-372.

这种建筑类型需要烧制砖瓦的技术，以及比建造木楞房更复杂的木作技术，但是对木材的需求大大减少了。而且这种房屋更加高敞，墙体便于开窗采光。随着木材资源的获取日益困难和建造技术的不断进步，木构瓦房逐渐取代了木楞房的主导地位（图10-38～图10-41）。

相较于木楞房和木构瓦房，土庄房在纳西族地区的分布区域相对较小，主要集中在金沙江的支流无量河河谷地区，以及部分澜沧江河谷地区的纳西族村落中，以前者最为典型。

无量河河谷地区的纳西族土庄房一般为二层

图10-41 建造中的木构瓦房

图 10-42 无量河土庄房 (1)

的平顶建筑，一层关养牲畜，二层用于居住。墙体底层为石砌，上部为夯土墙体、井干式木楞墙体相结合，屋顶则是在平梁上密排木料、再铺上泥土夯实而成。

　　无量河河谷地区的土庄房，是与当地的气候、资源情况相适应的（图 10-42 ～ 图 10-44）。一方面，无量河河谷一带气候干热，使用坡屋顶加速排水的需求并不迫切，平屋顶可以增加晾晒、农作的使用面积；另一方面，木楞房极其耗费木料，尤其是房板需要用生长于较高海拔的杉木才

能制作，而河谷地区采伐木材相对不便，生土石材更容易获得。因此，更适应河谷干热区气候、资源条件的土庄房成了当地主导的建筑形式。无量河地区在纳西族的迁徙路线中处于西部支系的上游，其下游的白地区和东部支系地区都广泛地使用木楞房；在无量河地区流传的东巴经书中，记载了这里曾经使用过石砌墙脚、夯土墙体、"头上盖七百张木板"的建筑形式；因此，这里的土庄房可能是从木楞房开始，逐步适应地域气候、资源演变而来的。

图 10-40　云南省玉龙县玉湖村：石砌墙体的木构瓦房　　　　　　　　　　　　　第十章　鲜活多样的乡土：纳西族古村落　　289

图 10-43 无量河土庄房（2）

澜沧江河谷地区的纳西族土庄房，则多在房屋的一层使用木框架、夯土墙体、密梁平顶的建筑形式，在二层建造仿汉式的木构瓦房（图 10-45）。这里的纳西族与藏族毗邻而居，其建筑形式也体现了纳西族建筑与藏族建筑的结合。

纳西族的建筑因丽江古城而闻名于世，以丽江民居为代表的仿汉式瓦房体现了纳西族高超的建造技艺。而纳西族地区丰富的建筑类型，则生动地体现了乡土建筑的适应性与多样性。

图 10-44 无量河土庄房（3）

图 10-42～图 10-44 均摄于云南省宁蒗县油米村，村中居住的为纳西族支系"阮可"人。

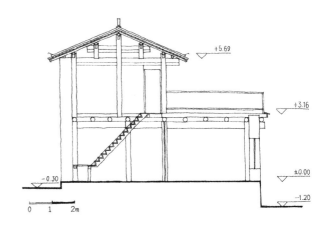

图 10-45 澜沧江河谷地区的纳西族土庄房
测绘于云南省德钦县茨中村，当地的纳西族使用藏族的土庄房技术建造房屋的一层，再在一层之上建造纳西式的木结构瓦房。

# 参考文献

[1]     梁漱溟著. 乡村建设理论 [M]. 上海：上海人民出版社，2011.

[2]     陈志华，李秋香著. 中国乡土建筑初探 [M]. 北京：清华大学出版社，2012.

[3]     单德启著. 安徽民居 [M]. 北京：中国建筑工业出版社，2009.

[4]     张国雄，梅伟强著. 开平碉楼与村落田野调查 [M]. 北京：中国华侨出版社，2006.

[5]     黄继烨，张国雄等编. 开平碉楼与村落研究 [M]. 北京：中国华侨出版社，2006.

[6]     程建军著. 开平碉楼：中西合璧的侨乡文化景观 [M]. 北京：中国建筑工业出版社，2007.

[7]     钱毅著. 近代乡土建筑——开平碉楼 [M]. 北京：中国林业出版社，2015.

[8]     《福建土楼》编委会编. 福建土楼 [M]. 北京：中国大百科全书出版社，2007.

[9]     黄汉民，陈立慕著. 福建土楼建筑 [M]. 福州：福建科学技术出版社，2012.

[10]    吴浩著. 中国侗族村寨文化 [M]. 北京：民族出版社，2004.

[11]    杨筑慧著. 侗族风俗志 [M]. 北京：中央民族大学出版社，2006.

[12]    蔡凌著. 侗族聚居区的传统村落与建筑 [M]. 北京：中国建筑工业出版社，2007.

[13]    李先逵著. 干阑式苗居建筑 [M]. 北京：中国建筑工业出版社，2005.

[14]    罗德启著. 贵州民居 [M]. 北京：中国建筑工业出版社，2008.

[15]    石硕等著. 青藏高原碉楼研究 [M]. 北京：中国社会科学出版社，2012.

[16]    季富政著. 中国羌族建筑 [M]. 成都：西南交通大学出版社，2000.

[17]    多尔吉，红音，阿根著. 东方金字塔高原碉楼 [M]. 北京：中国藏学出版社，2011.

[18]    季富政著. 古代羌人的防御 [M]. 北京：中央文献出版社，2011.

[19]    吴正光，陈颖，赵逵等著. 西南民居 [M]. 北京：清华大学出版社，2010.

[20]    王金平，徐强，韩卫成著. 山西民居 [M]. 北京：中国建筑工业出版社，2009.

[21]    朱向东，王崇恩，王金平著. 晋商民居 [M]. 北京：中国建筑工业出版社，2009.

[22]    王绚著. 传统堡寨聚落研究：兼以秦晋地区为例 [M]. 南京：东南大学出版社，2010.

[23]    中华人民共和国住房和城乡建设部. 中国传统民居类型全集 [M]. 北京：中国建筑工业出版社，2014.

[24]    薛林平等著. 山西晋城古村镇 [M]. 北京：中国建筑工业出版社，2010.

[25]    薛林平等著. 山西古村镇系列丛书（已出版24本）[M]. 北京：中国建筑工业出版社，2009~2015.

[26]    广东省梅州市城乡规划局主编. 梅州古民居 [M]. 汕头：汕头大学出版社，2012.

[27]  吴卫光著.围龙屋建筑形态的图像学研究 [M].北京：中国建筑工业出版社，2010.

[28]  陈志华，李秋香著.梅县三村 [M].北京：清华大学出版社，2007.

[29]  朱良文著.丽江古城与纳西民居 [M].昆明：云南科学技术出版社，1988.

[30]  蒋高宸著.丽江：美丽的纳西家园 [M].北京：中国建筑工业出版社，1997.

[31]  蒋高宸著.云南民族住屋文化 [M].昆明：云南大学出版社，1997.

[32]  薛林平等著.中国传统村落（第1辑）：北京传统村落 [M].北京：中国建筑工业出版社，2015.

# 索　引

# 第十章

# 后　记

中国五千年的文明史中，农业文明是基础，并且在其中占有显赫位置。可以说，所谓传统文明，很大程度上就是农业文明。在漫长的历史中，农村一直是最主要的人口聚居地。19 世纪 30 年代，中国乡村人口还占总人口的 80% ~ 85%。进入 21 世纪后，城镇人口才史无前例地超过乡村人口。

由于中国幅员辽阔，地貌多样，气候复杂，民族众多，文化丰富，再加上当时资讯的不发达，所以，散落于中华大地上的村落也就自然千差万别，形态迥异，个性十足，颇具特色。这些村落简单纯朴，而又博大精深，是中国文明史的奠基石，是中华民族宝贵的文化遗产。

但是，对于传统村落的保护，则是最近二三十年的事。1986 年，国务院公布第二批国家历史文化名城时指出：“对一些文物古迹比较集中，或能较完整地体现出某一历史时期的传统风貌和民族地方特色的街区、建筑群、小镇、村寨等，也应予以保护”。不过，这之后，并没有太多的实际行动。略举一例，说明这个问题，2000 年，“皖南古村落”（包括西递、宏村）被登录为世界文化遗产时，还不是全国重点文物保护单位。一年之后，“宏村古建筑群”和“西递村古建筑群”才被公布为全国重点文物保护单位。很难想象，在尚未公布为全国重点文物单位时，就已经成为世界遗产了。出现这样的尴尬局面，主要还是由于当时国内观念的滞后，即当时国内对这类遗产还是比较漠视的。但这件事在国内引起了较大的反响和震动，促使国内对传统村落的保护进行反思。

到了 2001 年公布第五批全国重点文物保护单位时，就有浙江省武义县“俞源村古建筑群”等近 10 处古村镇型建筑群被列入保护名单。到后来，2006 年公布第六批全国重点文物保护单位以及 2013 年公布第七批全国重点文物保护单位时，有更多的古村镇型建筑群被列入。这些“古建筑群”基本上类似"村落"的概念。

最近 10 余年，住建部等部门围绕传统村落保护工作，做了大量卓有成效的工作。特别是"中国历史文化名镇名村"和"中国传统村落"保护名录和保护体系的建立，对传统村落保护有着极大的宣传和推动作用。如 2003 ~ 2014 年的 10 余年间，住建部和国家文物局公布了六批共 528 个中国历史文化名镇名村，其中名镇 252 个、名村 276 个。2012 ~ 2014 年，住建部等部门公布了三批共 2555 个中国传统村落，2016 年还将公布第四批中国传统村落。2014 年，国家文物局确定了 270 个"全国重点文物保护单位和省级文物保护单位集中成片传统村落"的名单。政府的这些工作，都将极大地推动传统村落的保护工作，影响深远。

在遗产保护中，宣传教育一直是非常重要的措施和手段，也是很多相关的国际宪章和宣言所强调的。对于传统村落保护而言，宣传教育同样至关重要，其目的是让整个民族理解为何要保护这些传统村落，当然也包括保护所要付出的代价。当下最担心的是，在整个民族还不知道怎么回事时，传统村落已经消失殆尽了，到时，就是肠子悔青了也无济于事。历史文化名城的教训就近在眼前！所以，要进行宣传，让尽可能多的人了解、欣赏传统村落，理解保护的意义。这也是我们团队乐于承担本书撰写的主要原因和动力。

需要说明的是，本书所指的"中国传统村落"不局限于住建部等部门公布的"中国传统村落"，而是泛指"中国"的"传统村落"。前者是具体和明确的，是专门的称号；后者是模糊和宽泛的，意指中国境内的传统村落。

这些传统村落分布于中华大地的大江南北，数量巨大，浩如烟海。本书限于篇幅，很难面面俱到，只能遴选其中的极少部分，希望能从管中而窥全貌。从公布的中国传统村落可以看出，传统村落的分布呈现聚集状态，相对集中在一些区域内，如晋东南、黔东南、皖南、滇西南等。我们遴选了 10 个区域的传统村落，作为本书的主要内容。选择的标准，主要依据这些区域的聚落和乡土建筑是否被列入"世界遗产"或"世界遗产预备清单"。如本书所论述的"皖南古村落"、"开平碉楼与村落"、"福建土楼"等已列入世界遗产；"侗族村寨"、"藏羌碉楼与村寨"、"苗族村寨"等已列入世界遗产预备清单；"晋商大院"曾列入世界遗产预备清单；还有一些如"梅州民居"等正在申报世界遗产。

本书是我们团队齐心协力集体完成的一个成果，具体分工如下：

"绪论：多样化的文化、村落与建筑"：潘曦、薛林平；

"第一章　桃花源里有人家，皖南徽商村落"：刘捷、薛林平；

"第二章　高楼巍峨贯中西，开平碉楼村落"：王鑫、薛林平；

"第三章　圆楼方楼五凤楼，闽西南古村落"：薛林平、刘捷；

"第四章　山水吊脚举鼓楼，黔东南古侗寨"：王鑫、薛林平；

"第五章　雷公山头吊脚楼，黔东南古苗寨"：潘曦、薛林平；

"第六章　高山峡谷起碉楼，川西北藏羌村寨"：潘曦、薛林平；

"第七章　庭院深深述商宅，晋中传统村落"：王鑫、薛林平；

"第八章　士农工商咸乐业，沁河中游村落"：郭华瞻、薛林平；

"第九章　青山绿水围龙屋，梅州传统村落"：薛林平；

"第十章　鲜活多样的乡土，纳西族古村落"：潘曦。

书中插图，除了标注者外，均为作者拍摄或绘制。

最后，由我负责统稿，想必书中会有这样或那样的错误，望读者不吝指正！

薛林平

2015 年 10 月 5 日于交大嘉园

## 薛林平

薛林平，现任北京交通大学建筑与艺术学院副教授。2004年毕业于同济大学建筑与城市规划学院获博士学位，2011年在英国谢菲尔德大学做访问学者一年，主要研究方向为乡土建筑与传统民居、有地域特色的建筑设计等，出版有《中国传统剧场建筑》、《山西古村镇系列丛书》（截止2015年底已出版25本）、《中国传统村落（第1辑）：北京传统村落》等学术著作，发表学术论文50余篇，主持国家自然科学基金、国家社会科学基金、北京市自然科学基金等10余项纵向科研项目，主持50余项规划设计实践项目，并有3项获全国优秀城乡规划设计奖。社会学术兼职有：住建部传统民居保护专家委员会委员、传统民居工作组副组长、山西省传统村落和民居保护专家委员会副主任、专家工作组常务副组长、山西省文物局传统村落整体保护利用专家组成员等。

## 潘　曦

潘曦，2005年就读于清华大学建筑学院，2009年获建筑学学士学位，同年获得免试直博资格，师从秦佑国教授，2014年获清华大学工学博士学位。曾于2012年赴英国谢菲尔德大学进行学术访问。现任职于北京交通大学建筑与艺术学院，主要研究方向为乡土建筑与传统村落，任住房和城乡建设部传统民居专家工作组成员。出版学术专著一部，在《建筑史》、《新建筑》、《建筑创作》、《华中建筑》等刊物发表学术论文近20篇，作为主研人员参加国家自然科学经济、国家科技支撑计划等各级科研课题多项。同时积极从事乡村实践，参与传统村落保护规划与乡村公益项目10余项，任无止桥慈善基金北京交通大学团队指导教师。

## 王　鑫

王鑫，清华大学工学博士，现任教于北京交通大学建筑与艺术学院，主要学术方向为传统聚落与地域建筑。在《建筑学报》、《住区》、《华中建筑》等刊物发表学术论文多篇，参与完成《上庄古村》、《二十世纪世界建筑》、《赫尔佐格与德梅隆全集》、《美国国家地125周年》等专著译著。作为主研人员参加国家自然科学基金课题"基于建筑地区性的环境适应性设计模式和策略研究"等研究，现为住建部传统民居保护专家委员会工作组和山西传统村落保护发展专家委员会工作组成员，完成传统村落保护发展、地域建筑设计等实践项目10余项。

---

　　"中国建筑的魅力"系列图书是中国建筑工业出版社协同建筑界知名专家，共同精心策划的全面反映中华民族从古到今摧残辉煌的建筑文化的一套丛书，本书为其中的一分卷。本卷由北京交通大学传统村落科研团队协力完成。该团队长期研究中国传统村落，积累了丰富的资料，有较强的研究实力。

　　本卷选取了全国10个地域的传统村落，即皖南徽商村落、开平碉楼村落、闽西南古村落、黔东南古侗寨、黔东南古苗寨、川西藏羌村寨、晋中传统村落、沁河中游村落、梅州传统村落、纳西族古村落10个，分析研究其文化背景、聚落形态、空间特征、民居形式、营造技艺、非物质文化遗产、风土人情等。这些地域的传统村落大多已经列入世界文化遗产或世界文化遗产预备名录，具有很高的价值，也极具代表性。

图书在版编目（CIP）数据

美丽乡愁——中国传统村落 / 薛林平，潘曦，王鑫著.—北京：
中国建筑工业出版社，2016.10
（中国建筑的魅力）
ISBN 978-7-112-19600-5

Ⅰ．①美… Ⅱ．①薛… ②潘… ③王… Ⅲ．①村落-建筑艺术-
研究-中国 Ⅳ．①TU-862

中国版本图书馆CIP数据核字(2016)第164385号


责任编辑：戚琳琳　张惠珍
　　　　　董苏华
技术编辑：李建云　赵子宽
特约美术编辑：苗　洁
整体设计：北京锦绣东方图文设计有限公司
责任校对：李欣慰　关　健

中国建筑的魅力
**美丽乡愁 —— 中国传统村落**
薛林平　潘曦　王鑫　著
＊
中国建筑工业出版社出版、发行（北京海淀三里河路9号）
各地新华书店、建筑书店经销
北京锦绣东方图文设计有限公司制版
北京顺诚彩色印刷有限公司印刷
＊
开本：880×1230毫米　1/16　印张：19½　字数：400千字
2017年6月第一版　2017年6月第一次印刷
定价：208.00元
ISBN 978-7-112-19600-5
(29077)